U0378723

中国工程院信息学部重点咨询项目支持

（2014–XZ–7）

高端电子装备制造的前瞻与探索

李耀平　秦　明　段宝岩　编著

西安电子科技大学出版社

高端电子装备是指具有高技术含量、高附加值、处于产业链高端的电子装备，如通信导航装备、雷达、大型天线、高性能计算机、高端网络设备等。我国的高端电子装备制造在硬件、软件、核心技术、制造工艺等方面与世界发达国家相比存在较大差距。

本书立足我国高端电子装备制造现状，对其概念、内涵以及发展趋势进行初步梳理，对制约发展的问题予以总结分析，提出面向智能制造的高端电子装备制造发展思考，从协同创新角度提出发展路径与建议，对未来发展趋势做出展望。

本书适合于广大科技、教育工作者以及对电子信息技术装备制造感兴趣的读者阅读。

高端电子装备制造是国家装备制造的重要组成部分，在制造强国战略中占有重要地位，具有十分重要的现实意义和极为深远的历史意义。

电子装备是以电磁信号的获取、传输、处理、显示、发射等为主要目标，由集成电路、晶体管以及机械和控制系统等组成，具有通信、导航、计算、定位、信息对抗等功能的设备，主要包括通信、网络、计算机、雷达、天线、微电子及导航应用等专业及领域的装备。

高端电子装备指电子装备中的重大军事电子装备、重要民用电子装备，具有高技术含量、高附加值，是处于产业链高端的军民深度融合的典型电子装备，典型代表如通信导航装备、雷达、大型天线、高性能计算机、高端网络设备等。

高端电子装备制造，既包括了核心元器件、零部件、软件和新材料、新工艺以及制造装备等硬件、软件、加工手段等内容，也包括设计、模拟仿真、生产制造、检测验证、服务保障等环节，涉及多个方面的问题与因素，是一项系统工程。

当前，新一轮科技与产业革命蔚然兴起，新一代信息技术、新材料、制造技术、生物技术、量子技术、纳米技术等蓬勃发展、方兴未艾，大数据、云计算、移动互联网、物联网、工业互联网等创新应用层出不穷，信息技术与制造技术的深度融合，催生了智能制造的发展，德国“工业 4.0”、美国工业互联网、人工智能，掀起了全球新一轮制造业革命的新浪潮。

2015 年《中国制造 2025》出台，我国确立了建设制造强国的战略目标，以创新驱动为核心，着力推进信息化与工业化深度融合，智能制造成为主攻方向。制造强国战略要着力解决我国制造业大而不强的瓶颈制约，实现工业制造从2.0向3.0、4.0的追赶、并行与跨越。

高端电子装备制造，作为建立在信息技术和产业发展基础上的核心载体，是发展智能制造的重要支撑之一，对于加快推进信息化与工业化深度融合、军民深度融合具有重要意义。

工业化与信息化深度融合，是我国制造业必须经过和突破的一个关键环节，是现阶段传统产业实现转型升级的一个重要节点。两化融合的本质是工业的信息化，是在机械化、电气化制造基础上，用信息技术来实现高度数字化的工业制造，即从1.0、2.0向3.0的迈进，未来走向更加智能化的4.0阶段。我国现代工业化进程仍未完成，改革开放30多年，机械化、电气化逐步发展，数字化逐步普及，网络化还在努力，未来智能制造还有很长的路要走。高端电子装备制造是融合信息技术软硬件的一体化制造，是信息产业发展的核心装备，是智能制造系统、整机、部件级制造的重要支撑，在两化融合的进程中发挥着重要作用。

军民深度融合是世界制造强国在军事装备和工业装备协同发展上一贯采取的重要举措，对于实现高端装备在高性能指标、经济性指标及装备的技术突破与产业发展上作用明显，对于实现技术共享、市场推广与军民两用方面效果突出，是同步发展高端军事装备和民用重大装备的有效手段。高端电子装备制造包括了重大军事电子装备和重要民用电子装备制造的双重内涵，是军民深度融合的重要交叉点，对于未来高端智能军事装备、高端工业制造装备的发展作用巨大。

我国高端电子装备制造，随着信息科技的发展，从学习借鉴、跟踪模仿开始，逐步走向自主创新的跨越之路。然而，目前无论是在硬件、软件、制造母机、制造工艺等方面，我国高端电子装备制造的整体实力和水平与世界发达国家相比，仍存在很大差距。

总体看，我国制造基础仍显薄弱，空心化趋势明显，大体处于跟踪模仿阶段。如芯片80%以上依赖进口，操作系统、中间件及高端设计与仿真软件、工业软件、数据库等核心技术与产品依赖国外进口，信息安全存在很大风险，民用雷达、高端天线市场需要积极拓展，卫星导航技术与产品需要不断推广，复杂系统设计与制造、建模仿真、传感、工业控制等能力不足，加工工艺、制造质量、检测检验等环节还有待加强、完善和提高。

同时，制约高端装备制造方面的一些共性技术和具体问题尚未得到有效突破和协同解决。如关键元器件制造，新材料、新器件应用，基础软件、高端工业软件的自主发展，机电耦合等多学科交叉设计、电气互联设计制造、精密超精密加工、高密度组装、表面工程、热管理等。

此外，我国高端电子装备制造从体制机制角度看，两化深度融合、军民深度融合，正在逐步走向协同发展的新阶段，当前应重点解决“弱、小、散”的低水平重复建设问题，进一步形成“强、大、合”的自主发展格局，大力推进我国高端电子装备制造的创新跨越发展。

未来的智能制造，将是建立在高端电子装备制造的基础上，实现高级人工智能、机器学习、全息感知、智能生产、智能控制、智能服务、工业互联网、万物互联、云计算与大数据广泛应用等颠覆式革新，代表着新一轮科技与产业革命的特征与前景！

本书立足我国高端电子装备制造现阶段的实际，通过对典型电子装备的发展历程的简单梳理，提出下一步发展中遇到的具体问题，探讨实现协同创新的有效路径。

作　者

2017 年 3 月

目录 CONTENTS

高端电子装备制造的概念、地位与作用

制造业是国家工业的主体，是国民经济的主要支撑。其内涵主要指对原材料进行加工或再加工制成产品，以及对零部件进行装配的生产过程，同时也包括在此过程中参与的工业部门和各种生产要素。一般地，制造业可分为消费品制造、资本品制造、民用制造、军工制造、一般制造、装备制造、传统制造、现代制造等。

装备制造是制造业的重要组成部分，在制造业从机械时代、电气时代向信息时代、智能时代发展的过程中，一个国家装备制造的整体实力与水平，集中代表着科技实力、经济实力、国防实力等国家的综合竞争力。在当前新一轮科技与产业革命迅猛发展的形势下，数字化、网络化、智能化成为装备制造发展的新方向，全球装备制造业将迎来新的科技革命特别是信息技术与制造技术深度融合发展的新浪潮。

在这一大背景下，电子装备特别是高端电子装备制造，已经从传统的单一模式发展，逐步走向信息化与工业化深度融合、军民深度融合、软硬件一体化、多领域、跨尺度、交叉融合发展的新阶段。在如今德国“工业 4.0”、美国工业互联网、中国制造 2025 战略发展的大环境中，高端电子装备制造凸显出特别的地位与作用，具有重要的战略意义。

一、高端电子装备制造的概念

（一）装备与设备

《现代汉语词典》中，“装备”定义为“配备的武器、军装、器材、技术力量等”；“设备”指“设置以备用，进行某项工作或供应某种需要所必需的成套器物”，泛指生产、生活中所用的各种器械及用品。从语义上看，装备与设备有共通之处，即泛指工具、生产用品等；区别在于，设备的概念更普通化、大众化，装备的概念更工具化、专业化。

装备这一词语，也有广义和狭义的区分。广义上说，装备指的是用于生产活动和军事活动的必需设备、器具等；狭义上说，就是军事行动必需的设备、器具等。即是说，装备一词既可以专指军事领域，也可以泛指人类生产生活中的各种器械。

此外，装备制造与制造装备也有所区别，前者是包含材料、制造在内的过程性要素的统称，后者重点指用于制造产品的设备，即“工作母机”。本书所述装备制造属于前者范畴。

（二）电子装备

电子装备，是以电磁信号的获取、传输、处理、显示、发射等为主要目标，由集成电路、晶体管以及机械和控制系统等组成的，具有通信、导航、计算、定位、信息对抗等功能的设备，主要包括通信、网络、计算机、雷达、天线、微电子及导航应用等专业及领域的装备。

从词汇语义的历史发展起源分析，电子装备首先诞生于军事领域，而后应用于列装需求，同时代表了技术发展的先进水平。而电子设备则为普遍使用的含义，覆盖面和使用面较宽，偏重国民经济领域。

（三）高端装备制造

高端装备制造是区别于一般制造而言的，随着历史的发展其内涵也相应地发生着一定的变化。

一般制造，泛指用人工劳动使原材料成为可供使用的物品的生产过程，主要包括一个国家制造业的所有门类。制造业是指对制造资源（能源、资源、设备、工具、资金、技术、信息等）进行制造加工、转化为可供人们使用的大型工具、工业品与消费品的行业，制造业体现着一个国家的生产力水平，是衡量国家综合实力的重要指标。

我国制造业现行分类标准，是 2011 年由国家统计局、国家质量监督检验检疫局、国家标准委员会第三次修订的《国民经济行业分类》（GB/T 4754—2011）。该标准参照了 2008 年联合国《国际标准行业分类》，包含农副品加工、食品加工、烟草、纺织、木材、家具、造纸、印刷、石化、医药、化纤、橡胶和塑料、非金属矿物、黑色金属、有色金属、金属制品、通用设备、专用设备、汽车、铁路、船舶、航空航天、电气、计算机、通信和其他电子设备、仪器仪表等在内的 31 个大类的行业分类。

其中，计算机、通信和其他电子设备制造业涵盖了计算机、通信设备、广播电视设备、雷达及配套设备、视听设备、电子器件、电子元件制造等多个细分领域；同时，将信息传输、软件和信息技术服务业单列为一大类，涵盖了电信、广播电视和卫星传输服务，互联网和相关服务，软件和信息技术服务业 3 个细分领域；这些分类基本涵盖了电子装备制造的传统领域，是厘清和提出高端电子装备制造概念的重要基础。

装备制造业的概念，起源于 1998 年中央经济工作会议提出的“大力发展装备制造业”，而原国家计委对装备制造的定义为“主要是指资本品制造业及相关的零部件制造”。

2012 年工业和信息化部颁布的《高端装备制造业“十二五”发展规划》，确立了我国现阶段高端装备制造的 5 个重点方向，主要包括航空装备、卫星及应用、轨道交通装备、海洋工程装备、智能制造装备。

2015 年国家提出了《中国制造 2025》五大工程之一的“高端装备创新工程”，组织实施大型飞机、航空发动机及燃气轮机、民用航天、智能绿色列车、节能与新能源汽车、海洋工程装备及高技术船舶、智能电网成套装备、高档数控机床、核电装备、高端诊疗设备等十大重点领域的一批创新和产业化专项、重大工程。我国高端装备制造创新工程如图 1-1 所示。

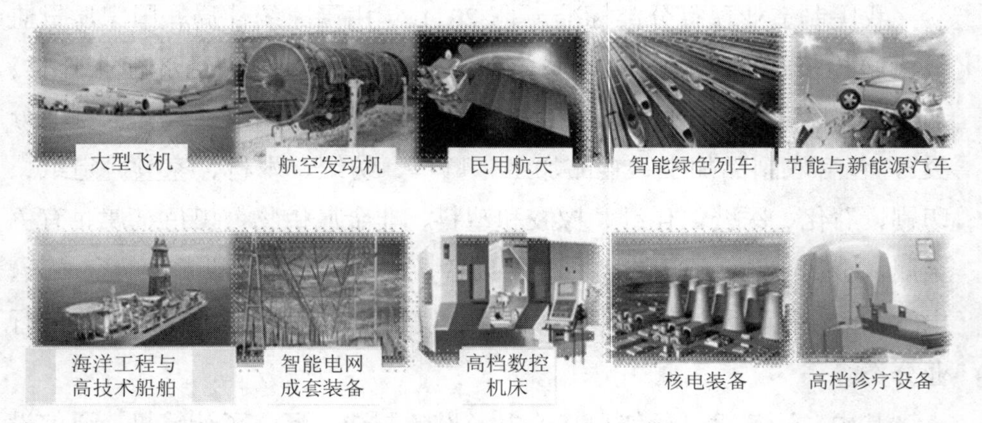

图 1-1　我国高端装备制造创新工程

从我国高端装备制造的实际发展情况看，高端装备制造的内涵是指装备制造业中具有高技术含量、高附加值、较强竞争力的行业领域，这些领域处于产业链的高端，占据着核心部位，其发展对国家制造业发展有举足轻重的作用和意义。

(四) 高端电子装备制造

本书所研究的高端电子装备制造，是指国防军事领域重大电子装备

（代表电子装备技术的先进发展水平）及国民经济领域重要电子装备（代表电子设备普及应用的推广程度）的制造，主要包括通信、网络、计算机、雷达、天线、微电子、卫星导航定位等军民两用装备的基础研究、技术研发、生产制造和市场发展的相关情况研究咨询，不包括广播电视设备、视听设备、信息服务等，也不包含制造过程中工作母机的生产制造，它是对涉及高端装备制造、智能制造、两化融合、军民融合中与高端电子装备制造相关领域和内容的关联和拓展。高端电子装备典型示意如图 1-2 所示。

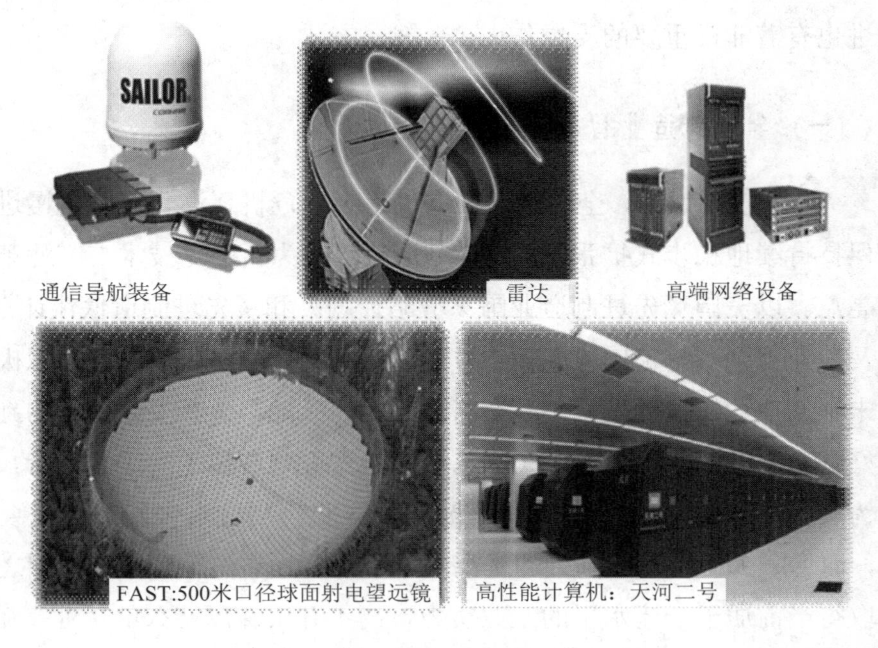

图 1-2　高端电子装备典型示意

概括地讲，高端电子装备就是具有高技术含量、高附加值、处于产业链高端的电子装备，其制造的内涵主要包含设计、加工、检测等环节，如通信导航装备、雷达、大型天线、高性能计算机、高端网络装备的设计与制造等。

二、高端电子装备制造的地位

高端电子装备制造在当前全球制造业走向智能化趋势的大背景下，是我国制造业实现转型升级、追赶超越、并行跨越的重要基础，是支撑《中国制造 2025》不可或缺的重点和焦点，是国家战略性新兴产业发展的核心与关键。解决好我国高端电子装备制造落后于世界发达国家、研发设计与生产等均受制于人的突出问题和制约瓶颈，不仅对于高端电子装备制造本身来说显得十分重要，而且对于我国制造强国战略的实施与推进也有着非常重要的支撑作用。

（一）全球制造业智能化发展的重要基础

“十二五”以来，全球制造业在世界金融危机逐渐复苏的缓慢进程中保持持续地稳步式扩张，智能化制造趋势成为新一轮技术与产业革新的亮点。以美国《先进制造业国家战略计划》和《先进制造伙伴计划》以及工业互联网、德国“工业 4.0”等为代表的国家战略，都在积极争抢未来制造业发展的先机，占据高端制造的高地，为新工业革命的到来打好坚实基础。其中，新一代信息技术与先进制造技术的深度融合，将成为支撑未来制造业新革命的关键，是智能化制造未来发展的重要基石，而这一关键基石的基础即是高端电子装备制造。世界制造强国之所以取得当前居于一流水平的工业实力，离不开其深厚悠久的工业基础，也离不开高端电子装备制造对工业制造的提升作用。

制造业智能化发展趋势不仅是制造业现实发展的迫切需求，也将引领未来高水平先进制造的方向。

以典型的德国“工业 4.0”发展为例，德国是一个传统的制造业强国，拥有重视技术、弘扬工匠精神的民族文化，苛刻的产品与技术标准

规范，严谨而系统的工程与技术人才培养体系，高效而实际的国家创新体系，但在信息化浪潮冲击下却面临着巨大挑战：一方面，由于美国等发达国家的“再工业化”带来的刺激，德国制造优势越来越不显著；另一方面，以中国为代表的新兴国家的崛起，一定程度上威胁到了德国在国际制造业市场上的地位。在这一背景下，2013 年，德国正式发布实施了“工业 4.0”战略。该战略旨在通过充分利用信息通信技术和网络空间虚拟系统——信息物理系统(Cyber-Physical System)相结合的手段，将制造业向智能化转型。“工业 4.0”主要有四大主题：一是“智能工厂”，重点研究智能化生产系统及过程，以及网络化分布式生产设施的实现；二是“智能生产”，主要涉及整个企业的生产物流管理、人机互动以及 3D 技术在工业生产过程中的应用等；三是“智能物流”，主要通过互联网、物联网，整合物流资源，充分提高现有物流资源供应方的效率；四是“智能服务”。“工业 4.0”，是以智能制造为主导的第四次科技革命的前兆，更加突出了新一代信息技术对传统制造业的提升与推进，酝酿着未来制造业的无限前景。图 1-3 为“德国工业 4.0”主要内涵。

德国工业4.0

“1”个网络

信息物理系统网络Cyber-Physical Systems

“4”大主题

智能生产	智能工厂	智能物流	智能服务

“3”项集成

纵向集成	横向集成	端到端集成

“8”项计划

标准化参考架构	管理复杂系统	工业宽带基础	安全和保障
工作的组织和设计	培训与再教育	监管架构	资源利用效率

图 1-3　德国“工业 4.0”主要内涵

全球制造业向智能化方向发展的新趋势，使以新一代信息技术与产业发展为核心的高端电子装备制造及其在先进制造行业领域中的广泛应用与融合成为新的发展重点，这也是发展智能制造的重要基础。

（二）“中国制造 2025”的有力支撑

2013 年，我国启动了制造强国战略重大咨询项目，在此基础上，2015 年 5 月 8 日，《中国制造 2025》正式公布，提出了中国制造强国建设三个十年的“三步走”战略，明确了提高创新能力、推进两化融合、强化工业基础、加强质量品牌等战略任务，尤其对新一代信息技术与制造业深度融合的智能制造工程，提出了具体任务。当前，世界各国制造业发展的现状：美国处于第一方阵，德、日位于第二方阵，中、英、法、韩等在第三方阵。《中国制造 2025》是我国实施制造强国战略第一个十年计划的行动纲领，站在国家顶层设计高度，对振兴我国制造业作了整体规划和部署。

《中国制造 2025》从迎接新的科技革命、产业革命挑战及建设制造强国的战略目标出发，提出了“创新驱动、质量为先、绿色发展、结构优化、人才为本”的指导思想，确定了我国制造业的奋斗目标：2025 年左右进入第二方阵，迈入制造业强国行列；2035 年进入第二方阵前列，成为名副其实的制造强国；2050 年左右力争进入第一方阵，成为具有全球引领的制造强国。图 1-4 为《中国制造 2025》主要内涵示意图。

我国制造业的整体状况：经过长期发展，总体规模已位居世界前列，成为全球制造大国，重大装备的制造能力显著提升，无论在军工制造还是民品制造上，制造能力、制造实力均得到进一步增强，如数字化设计与制造、成型加工制造、敏捷制造、虚拟制造、极端制造、网络制造以及制造控制等方面均有快速发展，制造业信息化水平得到不断提高。但必须清醒地看到，我国高端电子装备制造的总体实力和水平与世界发达国家之间仍存在较大差距，制约着制造业的转型升级与未来发展。比如芯片、关键元器件、核心软件和高端工业软件等对外依赖度高，缺乏自

主创新能力，高端制造装备如数控机床等同样对外依赖，制造工艺、制造质量、检测保障等诸多方面与国外差距较大，《中国制造 2025》不仅缺乏硬件上的核心支撑，也缺乏软件及知识、人才及技术储备上的重要支撑，“空心化”（硬件制造落后、软件支撑不足）隐患存在，“缺芯少魂”（软硬件自主研发制造缺乏）现象严重，体制机制上协同创新力度不够，制约着制造业整体的跨越发展。

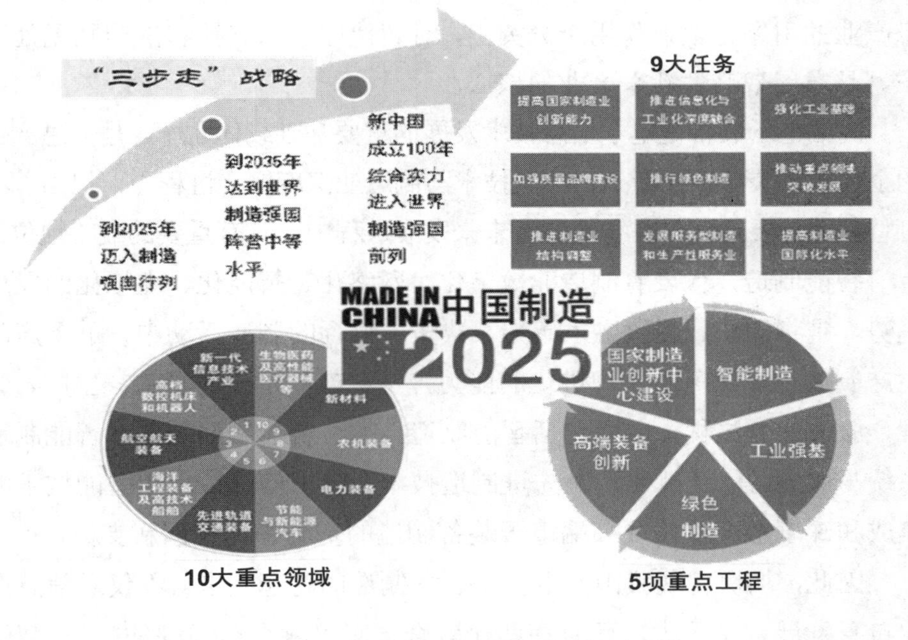

图 1-4　《中国制造 2025》主要内涵示意图

为此，应从国家层面高度重视并紧抓高端电子装备制造，积极推动《中国制造 2025》战略实施，扎实推进信息技术与制造技术的深度融合，在智能制造方向上率先突破，结合中国制造实际，在现阶段“工业 1.0”、“工业 2.0”的基础上，进一步加强工业强基工程，深化数字化、网络化制造，推进智能制造，补足短板，向“工业 3.0”、“工业 4.0”的更高水平不断迈进。

(三) 战略性新兴产业的核心

科技创新驱动着产业发展，当前，世界科技发展的重点集中在新能源、新材料、电子信息技术、环境生态保护、水资源与矿产资源、生命科学、生物医药技术等领域，向陆海空天、地球深处、太空远处延伸，带动着国家制造业战略性新兴产业的发展，如新一代信息产业、高端装备制造业、节能环保产业、生物产业、新能源产业等。而其中，电子信息产业的引领与辐射作用十分突出，对其他产业的支持和渗透则无处不在，是发展战略性新兴产业的核心。

高端电子装备是电子信息技术发展的重要基础载体之一，是信息产业的主要支撑装备，在新一代信息技术与制造业深度融合进程中，担当着不可替代的重要角色，在智能制造未来发展进程中，具有重要的战略地位。

智能制造，代表着制造业数字化、网络化、智能化、虚拟化的发展趋势，是将知识、经验融入感知、决策、执行的制造活动中，赋予产品生产制造在线学习和知识进化的能力，贯穿产品生产的设计、生产、管理、服务的全过程，主要包括智能制造技术、智能制造装备、智能制造系统与服务等。智能制造是先进制造技术、电子信息技术和智能技术的集成和深度融合，需要高端电子装备制造的基础积淀和创新支撑。

因此，加快实现我国高端电子装备制造的跨越发展，不仅对信息产业自身发展意义重大，而且在两化融合、军民融合、“互联网+”、智能制造进程中的信息化支撑作用日益显著，对于制造业转型升级、创新驱动、智能提升、绿色持续的发展意义重大。

三、高端电子装备制造的作用

(一) 推动我国工业制造向高水平迈进

装备制造业的发展水平，始终是一个国家工业化进程的标杆；而在

全球科技快速发展的今天，高端电子装备制造的水平，体现着一个国家在先进制造领域的智能化程度的高低，代表着一个国家工业发展的最高水平。

纵观世界发达国家，无一不是装备制造业尤其是高端电子装备制造业强国。以处于世界制造业前两个方阵的美、德、日三国为例，美国的装备制造业主要致力于发展前沿性技术，基本跳出了中低端产品的圈子；而德国、日本，则重视利用高技术优化提升传统装备制造业，大力发展高附加值产品，确保在全球拥有较强的竞争优势。此外，高端电子装备制造的特殊性在于，它提供的产品决定着国民经济发展各行各业所必需的智能化设备的水平，是进行扩大再生产、提高生产率、降低成本、节能环保的重要基础，对制造业有较强的辐射拉动作用。以微电子这一高端电子装备制造行业为例，其 80%以上的产品均为元器件、零部件。微电子行业是国民经济中重要的基础性产业，在很大程度上制约着制造行业总体的信息化、智能化发展水平。

我国制造业产值和出口额，经过新中国成立以来 60 多年尤其是改革开放 30 多年的发展，已经超越美、德、日三国。目前，我国已成为世界最大的装备制造大国和出口国，占比超过了全球比重的 1/3，在桥梁、卫星、高铁、汽车、手机、家电、无人机、超级计算机、水电九大领域有了明显发展，但高端装备制造业产值占装备制造业比重仅有10%，整体仍然处于追赶阶段，是典型的“大而不强”。图 1-5 为中国制造已经取得的显著进展。

我国工业制造要顺利实现转型升级，向高水平进军，必须紧紧抓住高端电子装备制造这个智能化发展的基础核心，加快推进数字化、网络化、智能化制造，占据产业链高端，大幅提高工业制成品的高技术附加值，实现高端装备制造的重点突破，带动我国工业制造从中低端向高端先进制造层面不断提升。

图 1-5　中国制造已经取得的显著进展

(二) 推进我国装备制造业实现重要转型

新中国成立 60 多年来，我国装备制造业从简陋的修配，逐渐发展成为全球举足轻重的装备制造，已经走过了高速增长和国际竞争力快速提升的历史阶段，正处于从低成本优势向技术优势转型过渡的关键时期。

当前，正在快速发展的信息技术虽然会给整个国民经济带来影响，但其最初的影响可能只有在高端制造领域才能强烈地感受到。因此，抓住并深入推动高端电子装备制造，有望成为改变我国装备装造业现状的关键和重要着力点。

从国际分工来看，我国装备制造业一直处于产业链下游，大多属于加工组装环节，形态一般为进口零部件等，资源消耗大、利润率较低，这主要是由于我国未掌握制造业的核心技术，在高端电子装备制造中话

语权不强。从产业发展来看，在装备制造业中谁掌握了尖端的核心技术，谁就有权去制定本行业的游戏规则，而装备制造业的核心技术就是高端电子装备。要持续提升我国装备制造业的国际竞争力，亟待集中优势力量，持续加强高端电子装备的研发投入，争取早日打破发达国家在这一领域的垄断地位。

从发展现状来看，我国已成为制造大国，具备迈向制造强国的厚实基础，《中国制造 2025》出台，高端电子装备制造的发展，迎来千载难逢的机遇，是实现我国装备制造业转型的重要支撑，将带动我国装备制造业不断走向新跨越。

(三) 引领中长期科技发展走向新变革

高端电子装备制造作为信息技术和制造业的一个结合体，正不断推动着传统制造业向智能化方向发展。而科技和产业的中长期发展，正在技术突破与产业革命的双重作用下不断演进。

当前，新的工业革命出现的契机，就是新一代电子信息技术与制造业的深度融合，尤其是以“互联网+”、3D 打印等为特点的数字化、网络化、智能化元素，正逐渐成为制造业技术革新、升级换代的焦点和新的增长点。2012 年我国发布《智能制造装备产业“十二五”发展规划》，提出重点围绕智能基础共性技术、智能测控装置与部件、重大智能制造成套装备等装备制造核心环节，推进我国智能制造装备产业的发展。2015 年发布的《中国制造 2025》提出“加快推动新一代信息技术与制造技术融合发展，把智能制造作为两化深度融合的主攻方向，着力发展智能装备和智能产品，推进生产过程智能化”，加强高档数控机床、工业机器人、增材制造装备、新型传感器、智能测量仪表、工业控制系统、伺服电机及驱动器和减速器等装置研发，加快机械、船舶、航空、汽车、

轻工等行业生产设备智能化改造，重点建设智能工厂、智能车间，深化互联网在制造领域的应用，加强互联网的基础建设等。2016 年我国《智能制造发展规划(2016—2020 年)》发布，提出“十三五”期间将发展智能制造作为长期战略任务，实施数字化制造普及、智能化制造示范引领，加快发展智能制造装备，加强关键共性技术突破，建设智能制造标准体系等举措，着力推动制造业智能化转型升级的全面工作格局。图 1-6 为高端装备制造的数字化、网络化、智能化发展趋势。

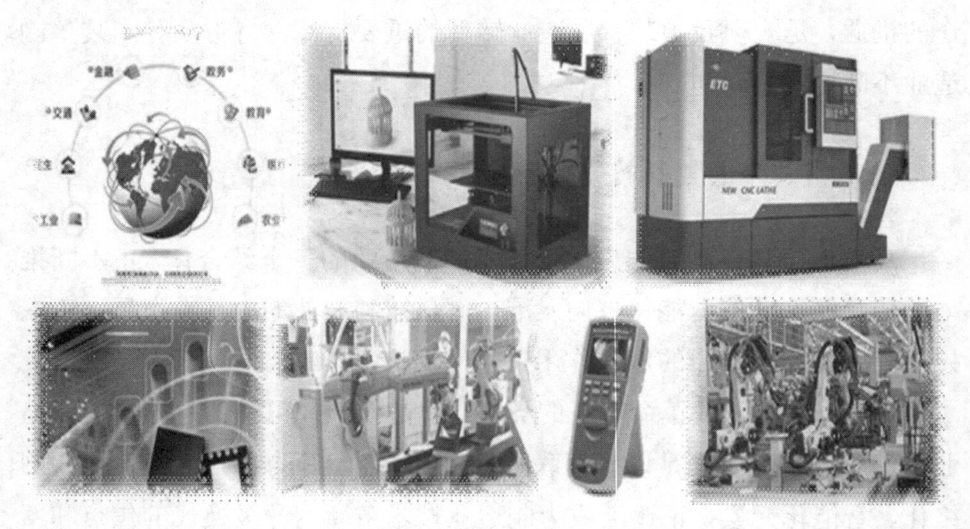

图 1-6　高端装备制造的数字化、网络化、智能化发展趋势

我国科技的中长期发展目标已经瞄准智能化方向，高端电子装备制造的作用将愈发凸显和重要。高端电子装备制造和智能制造有密切联系，其共同的基础为信息与电子技术、产业。高端电子装备制造侧重信息技术和产业自身领域的关键装备制造和应用，是支撑智能制造的源头动力；智能制造则是信息技术与制造技术融合的交叉领域，概念更为宽广、应用更加广泛，是高端电子装备制造的应用延伸及行业扩展，孕育着未来制造业的颠覆式变革。

高端电子装备制造的发展历史与现状

高端电子装备制造的发展，是在信息与电子技术产业历史进程大背景下的典型缩影，是当前工业制造走向数字化、网络化、智能化趋势下的重要载体，以通信、网络、计算机、雷达、天线、微电子等为代表的装备制造，奠定了今天智能制造发展的坚实基础。

全球信息科技起源发展的历史大约 100 年，从 19 世纪末麦克斯韦方程建立、电话、电报、天线的发明，到 20 世纪初电子管、无线电的发明，二战前后第一部“本土链”雷达、第一架预警机、第一个晶体管、第一台计算机，信息与电子技术产业逐步得到发展。20 世纪下半叶信息技术与产业蓬勃兴起，掀起信息时代的新浪潮，开辟了第三次工业革命的新纪元。

工业化是信息化发展的重要基础，没有工业制造的坚实基础，信息技术与产业的发展就失去了基本支撑，而信息化对工业化的促进与提升，则使工业制造从一般制造、中低端制造走向精密制造、特种制造、极端制造、先进制造等数字化、网络化、智能化的高端制造领域。

当前，世界制造强国如美国、德国、日本等已经早早完成了国家工业化的历史进程，在全球后工业化时代向着未来智能化制造的方向大步迈进。

我国工业化进程仍未完成，工业制造的智能化发展基础与发达国家相比仍有很大差距，需要在工业化基础建设、信息化与工业化的深度融合上同步发展，逐步实现并行、追赶与跨越。高端电子装备制造，作为工业化与信息化结合的交汇点，担当着历史进程的重要任务。

我国信息科技与产业的发展经历了 30 年左右时间，从 20 世纪 70 年代萌芽、80 年代兴起、90 年代拓展乃至今天蓬勃兴起，经历了学习、模仿、引进与追求自主创新的发展壮大过程。我国信息化在推进工业化转型升级上发挥了重要作用，从 1986 年“863 计划”启动，计算机集成制造系统（CIMS）、智能机器人等项目起步，到通信、计算机、集成电路、雷达、天线等技术与产业不断发展，国家“三金工程”大力推进，“九五”期间“甩图板”工程，“十五”推进制造业信息化建设，“十一五”“甩图纸”、“甩账表”以及《国家中长期科学和技术发展规划纲要》出台，党的十六大“以信息化带动工业化、以工业化促进信息化”、十七大“走中国特色新型工业化道路，推进信息化与工业化融合”、十八大“推进信息化与工业化深度融合”，信息化在国民经济以及制造业的重点领域发挥了不可替代的作用。同时，也应当看到我国在信息技术和产业发展方面与世界发达国家的差距，特别是在高端电子装备制造上的自主创新能力较弱、制造能力与水平欠缺、对外依赖度高等。

围绕高端电子装备制造在通信、网络、计算机、雷达、天线、微电子等 6 个方面的技术与产业发展历史与现状，本章作简要历史回顾，并结合中外发展概况、差距以及制造方面的具体问题进行初步梳理。

一、通信技术与装备

（一）现代通信技术发展概况

近代通信从 1876 年电话发明开始，到 1895 年马可尼发明电报，1906 年出现无线电广播，1941 年美国出现第一个商业电视台，无线电技术的发展与应用，开创了电信号传输的新时代，催生了现代通信事业。1965

年美国第一台程控交换机出现，1970 年光纤通信发明，电子信息技术的不断创新，进一步推进了通信事业的发展。近代通信技术发展示意图如图 2-1 所示。

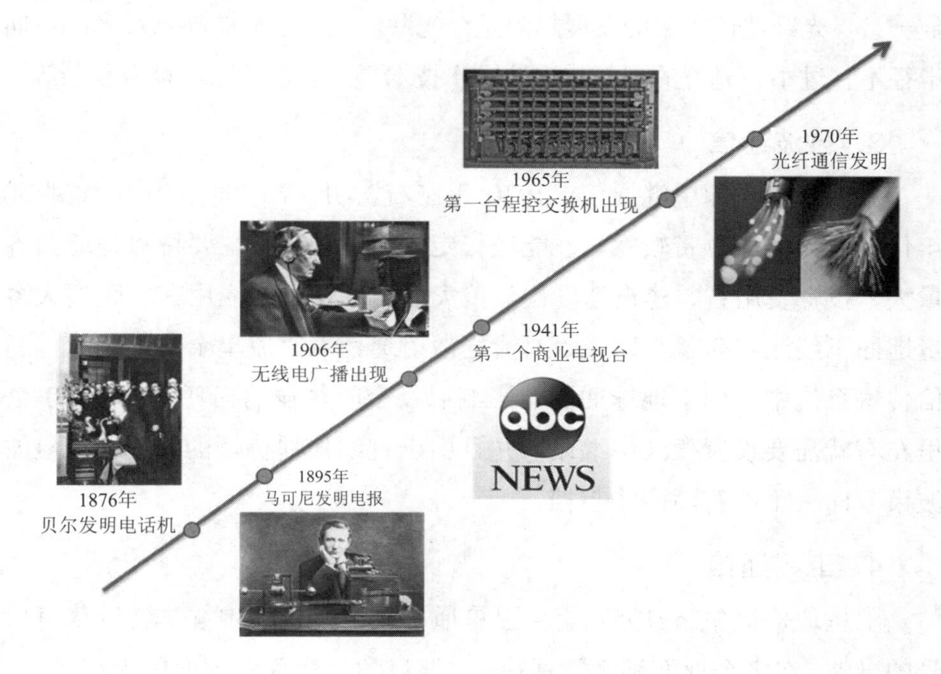

图 2-1　近代通信技术发展示意图

现代通信的种类主要可分为六种：交换机（电话网）、光纤通信、微波通信、卫星通信、移动通信以及因特网通信（计算机通信网）。

1．交换机

交换机可概括分为人工交换、机电式、程控交换、数字程控交换机、ATM 宽带交换机等不同方式，发展方向为宽带综合业务数字网，但其难以满足大容量数据流的吞吐需要。

2．光纤通信

20 世纪 60 年代华裔科学家高锟（1933—）首次提出利用光纤进行

通信的设想——既然电可以沿着金属导线传输，光也可以沿着导光的玻璃纤维传输。世界上第一根光纤是 1970 年美国康宁公司制造的、每公里损耗 20 分贝的光导纤维。光纤传输的定律：每 6 个月光纤传输能力就翻一番。光纤通信未来的发展趋势是全光网。光纤通信的缺点：光纤弯曲半径不宜过小、光纤的切断和连接操作技术复杂以及分路、耦合复杂等。

3．微波通信

微波通信也即中继通信，1930 年左右发明，20 世纪 40 年代到 50 年代发展为传输频带较宽、性能较稳定的微波通信，主要特点是通信容量大、投资费用省、建设速度快，抗灾能力强，主要应用在长距离大容量地面干线无线传输，以及“对流层散射通信”、“流星余迹通信”等通信传输系统中。由于地球曲面的影响以及空间传输的损耗，每隔 50 公里左右就需要设置微波中继站，并且由于直线传播特性的限制，在电波波束方向上不能有障碍物阻挡。

4．卫星通信

卫星通信诞生于 1957 年。卫星通信以卫星作为中继站转发载有信号的微波，在多个地面站之间通信，主要目的是实现对地面的无缝覆盖。第一代为 1965 年第一颗地球同步卫星“蓝鸟 1 号”，开创了卫星通信的新纪元；第二代为国际海事卫星(20 世纪 70 年代)；第三代为甚小口径卫星终端站(VSAT，Very Small Aperture Terminal，20 世纪 80 年代)；第四代为移动通信卫星(20 世纪 90 年代)。目前实用的卫星通信系统数据传输率较低、数据传输可靠性较差、易受外界干扰，由于距离远，需要足够大的增益，导致发射和接收天线较大。

5．移动通信

随着通信技术的不断发展和普及，移动通信已经成为现在应用最为广泛的通信系统。

世界移动通信的发展大体有三个阶段：第一阶段是萌芽阶段(20 世纪 40 年代到 60 年代)。1946 年美国首先建立了在短波频段上的车载专用移动通信系统，继而建立了第一个公用汽车电话网，之后推出改进型移动电话系统(IMTS)，实现了自动选频与自动接续；第二阶段是诞生阶段(20 世纪 70 年代)。1978 年贝尔实验室研制出移动电话系统(AMPS)，建立了蜂窝移动通信网，提高了系统容量，第一代移动通信技术(1G)诞生，实现了移动中通话；第三阶段是发展阶段，从 20 世纪 80 年代至今，2G、3G、4G 不断发展，移动通信从话音、数据到多媒体，从窄带到宽带，从低速移动到高速移动，从模拟到数字、从电路域交换到分组域交换，从频域复用、时域复用到多种复用技术结合，超高速、超大容量、低时延、低功耗、用户体验等成为不断演进的发展方向。

移动网络电波传播条件复杂，易产生多径干扰、信号传播延迟和展宽等效应；受噪声和干扰影响，用户之间存在严重的互调干扰、邻道干扰、同频干扰等；多种异构网络的融合需求造成了系统和网络结构复杂；随着业务的开展，海量用户对频带利用率的要求极高。当前，5G 成为发展趋势，将为未来移动通信的发展掀开新的一页。图 2-2 为全球移动通信系统的演进示意图。

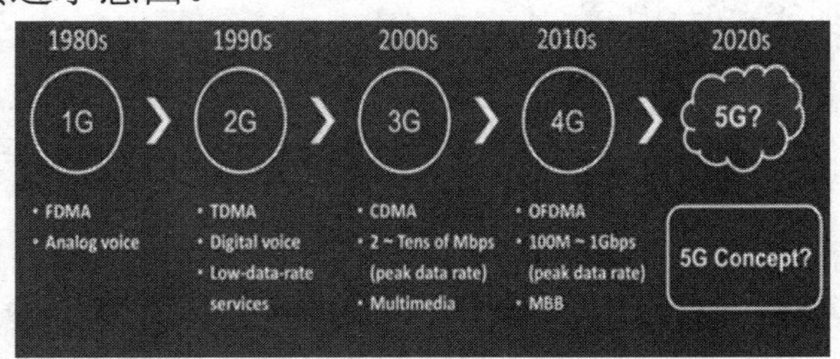

图 2-2　全球移动通信系统的演进示意图

6. 因特网通信

因特网也称为国际互联网络、因特网、交互网络、网际网。目前它正在向全世界延伸和拓展，已经成为世界上覆盖面最广、规模最大、信息资源最丰富的计算机信息网络。当前互联网的发展趋势是与移动通信网结合开辟了移动互联网时代，其中数据流量增长成为未来通信的主线。通信技术的发展趋势是统一融合通信，具体体现为数字化、综合化、宽带化、标准化、智能化、人性化及多网融合。

下一代通信技术，或许是量子通信，有望为人类的生产、生活方式带来新的变革。1993 年，美国 C.H.Bennett 提出了量子通信的概念，这是利用量子纠缠效应进行信息传递的新型通信方式。量子通信具有巨大的优越性：保密性强、远距离传输、高时效性等，而其真正应用仍有很长的路要走，长距离传输会造成源亮度衰减，进而使通信带宽大大降低。因此量子通信从理论到技术还需要进行大量的探索、研发、攻关与创新工作。

(二) 通信产业发展现状

当前，通信产业的发展在经历了 20 世纪 80 年代以来的蓬勃兴起、快速增长之后，步入 21 世纪稳定发展阶段。特别是“十二五”期间，全球通信设备制造进入成熟期，市场规模趋于稳定，传统模式的投资拉动方式放缓，通信设备制造面临着新的变革。

1. 市场规模趋于稳定

通信产业的市场规模趋于相对稳定，中国市场稳步发展，华为、中兴进入国际主要设备制造商行列，在一些自主技术、关键装备制造上占据前沿。

通信产业投资拉动作用放缓，性价比竞争成为当前的主要着力点，重点在于通过技术创新降低产品成本、能耗成本、数据传输成本等，在移动通信、数据通信、光传输与固定宽带接入等方面发展趋于稳定。

全球主要通信设备制造企业也纷纷开展新一轮整合及并购重组，如阿尔卡特-朗讯、诺西的成立，北电、摩托罗拉的退出以及诺基亚对阿

尔卡特-朗讯(Alcatel-Lucent)的收购，而剥离非核心业务以集中优势，也成为新的竞争选择。同时，推出新的网络管理服务、集成供应链和成本优势扩展至终端设备制造、提供企业网专门服务，也成为转型升级的主要路径之一。图 2-3 为 2012—2015 年中国通信设备市场规模，图 2-4 为 2010—2014 年我国光纤行业规模增长情况。

	2011 年	2012 年	2013 年	2014 年
产业规模(亿美元)	1374	1337	1382	1498
运营商网络设备规模(亿美元)	828	772	795	866
企业网设备规模(亿美元)	546	565	586	632
产业规模同比增长	3.85%	–2.69%	3.37%	8.39%

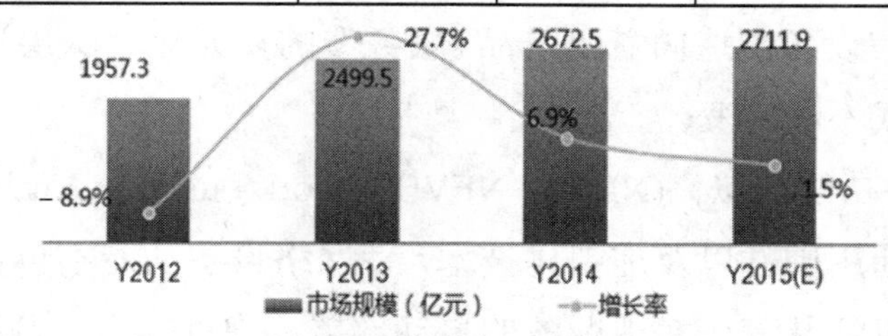

(数据来源：中国电子信息发展研究院《通信设备产业白皮书 2015 版》)

图 2-3　2012—2015 年中国通信设备市场规模(数据来源：赛迪顾问)

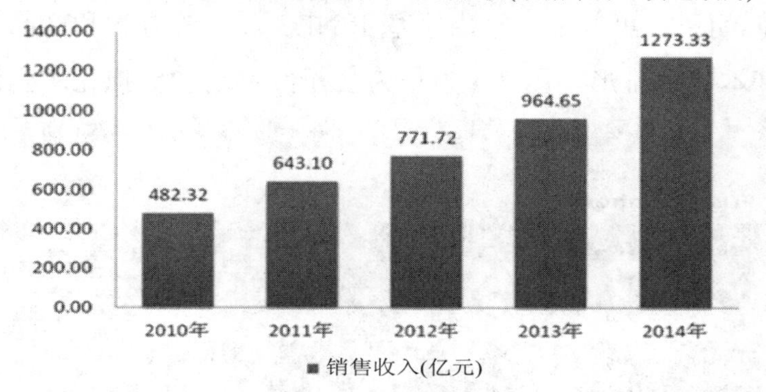

图 2-4　2010—2014 年我国光纤行业规模增长情况(公开资料整理)

2. 技术创新引领发展

近年来，4G 为通信产业发展带来了旺盛需求，产业链收入与盈利出现增长，特别是2013年2月工业和信息化部、国家发展和改革委员会、科学技术部联合推动成立IMT-2020(5G)推进组，2013年底工业和信息化部发放4G牌照、2014年中国4G网络终端和业务正式启用，标志着中国在通信标准制定、技术创新、行业发展上走出新路。

如今，移动互联、云计算、大数据、SDN等新技术与业务不断普及，原有市场格局被打破、行业间界限越来越模糊、ICT深度融合发展加速，以网络功能虚拟化(NFV)、软件定义网络(SDN)、超宽带以及多天线、异构网、光交换网、多纤光纤等为代表的新技术及产品、组网、制造层面的创新，在产品架构、制造模式、产业生态等方面正发生着深刻变化，通信设备制造向着“产品+服务”的多元化、深层次、高投入产出比的模式不断转变。

(1) 网络功能虚拟化(NFV)。NFV(Network Function Virtualization)，即通过使用通用硬件以及虚拟化技术，使网络设备功能不再依赖于专用硬件，资源灵活共享，实现业务的自动部署、弹性伸缩、故障自愈等，集合了更多软件处理功能，降低了网络设备成本。近年，华为、爱立信、阿尔卡特-朗讯、惠普都已推出了基于NFC理念的方案和产品，相关市场已经基本具备雏形。图2-5为华为公司网络功能虚拟化示意图。

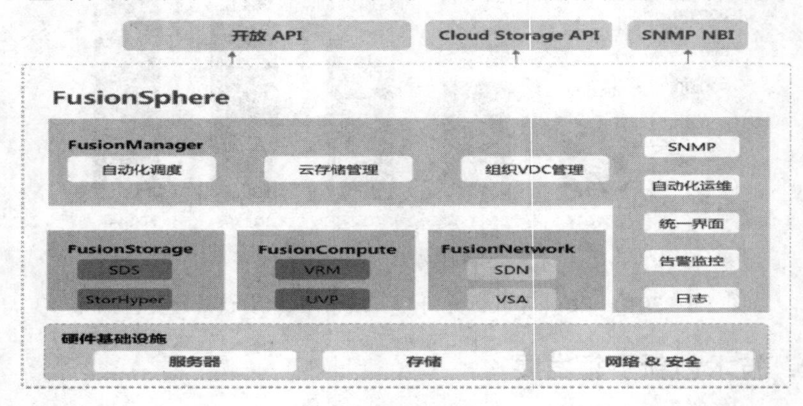

图2-5　华为公司网络功能虚拟化示图

(2) 软件定义网络(SDN)。SDN(Software Defined Network)为一种新的网络架构，通过核心技术 Open Flow 将设备控制面与用户数据面分离，实现网络流量的灵活控制，让网络管道更加智能化。SDN 的商用速度加快，思科、华为、爱立信、中兴、诺基亚等均投入较大精力研发解决方案，发布基于 SDN 的回传网络、光传输和流量优化等方面的 PoC(Proof of Concept)测试，相关技术成果不断推出。图 2-6 为华为公司软件定义网络化示意图。

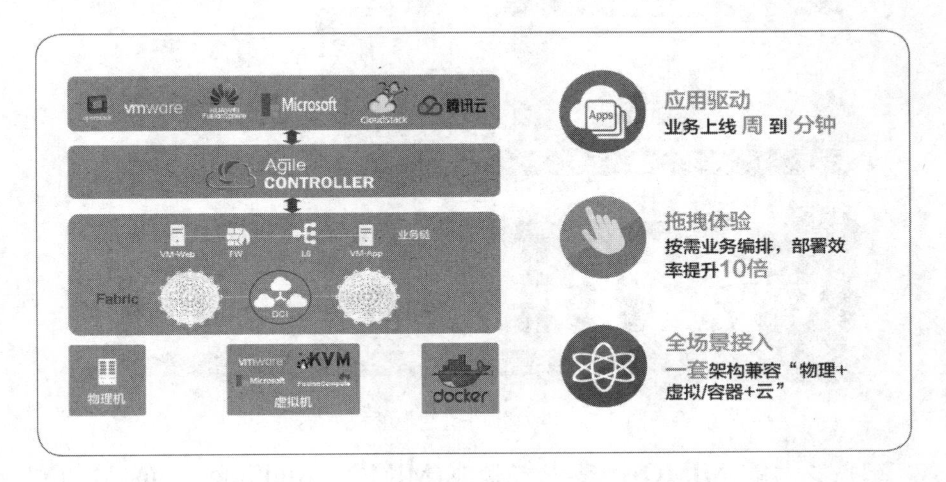

图 2-6　华为公司软件定义网络化示意图

(3) 超宽带。快速增长的数据传输需求使传统带宽已无法满足发展要求，互联网超宽带(Ultra-Broadband)应用应运产生。近年来，国内外企业主要在超宽带接入网技术、超宽带骨干网升级与改造、高速光传输网、超宽带云应用等方面展开研发，其中，10G EPON/GPON 、Vectoring、G.fast 等技术在超宽带发展部署中的作用日益重要。华为、中兴纷纷在宽带网络智能化升级、灵活功率分配、多频段基带池、智能维护和操作等方向上取得技术突破。图 2-7 为华为公司超宽带解决方案。

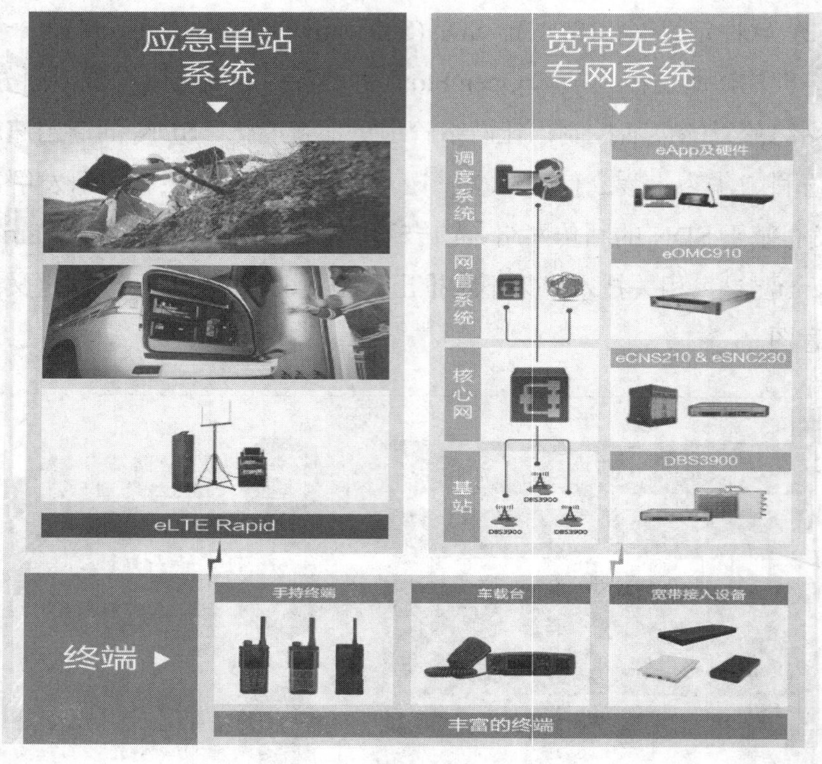

图 2-7　华为公司超宽带解决方案

(4) 多天线(MIMO)。多天线技术(MIMO，Multiple-Input Multiple-Output)指在发射端、接收端分别使用多个天线，充分利用空间资源，通过多个天线实现多发多收，在不增加频谱资源和天线发射功率的情况下，可成倍提高系统信道容量，很好地实现空、时、频多维信号的联合处理和调度，大幅提升蜂窝网系统的峰值速率、平均吞吐量、灵活性和传输效率，是智能天线发展的重要方向之一。图 2-8 为华为公司多天线技术。

总之，以思科、爱立信、诺基亚、华为、中兴为代表的全球主要通信设备制造商，都集中精力在敏捷网络、云计算、下一代视频通讯与交互技术、信息安全、网络抗干扰技术、新一代存储系统、关键服务器等

方面加强技术创新，以技术创新引领发展。

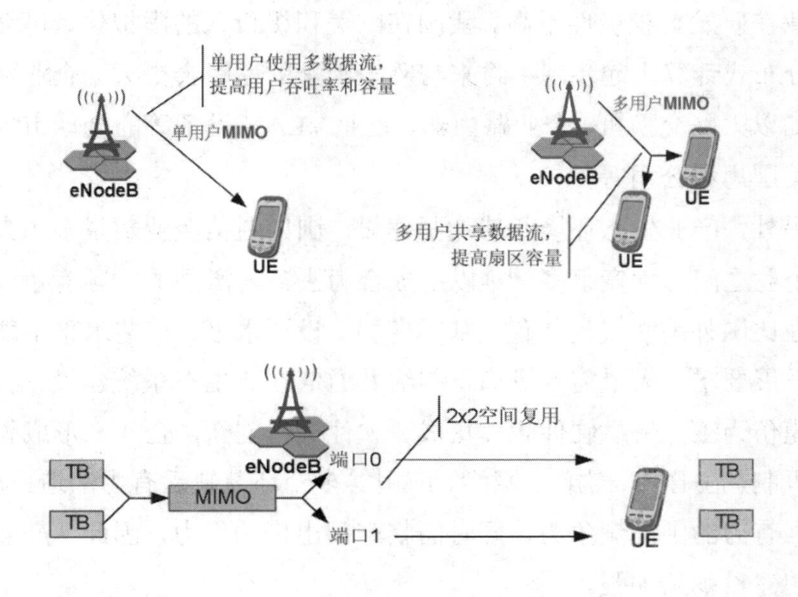

图 2-8　华为公司多天线技术

3. 中外发展差距对比

对比国内外通信产业发展实际，虽然我国在市场发展、4G 商用、主导 TDD-LTE、开发 T 比特级光传输设备、高端核心路由器和交换机以及通信产业发展变革期方面积累了一定的基础，在通用设备专用芯片、移动终端基带、部分光器件和基础材料上也实现了一定的突破，但在通信设备制造上与国外发达国家之间的差距依然存在。

首先，核心技术和软硬件存在较大差距。通用处理器、高性能 DSP、FPGA、高速数模转换芯片等通用芯片仍严重依赖进口，实时嵌入式操作软件、工业软件、数据库等也严重依赖进口，因而应着力提升通信设备通用芯片和软件的自主研发能力，突破瓶颈制约。

其次，跟踪模仿面临新的挑战。过去的几十年里，我国通信产业发

展基本上属于跟踪模仿阶段，自主创新不足、研发投入不足，特别是中小企业在研发上积极性不高。我国在欧美积极投入的虚拟化、可编程网络、分布式计算上起步晚，将来与欧美国家的差距会更大。企业网设备制造如以太网交换机、企业路由器、企业 VLAN 设备等的全球市场仍主要由美国思科公司等把控。

另外，产业生态环境亟待加强建设。国内通信企业数量多、力量分散，企业之间恶性竞争多，难以形成合力去参与激烈的国际竞争。微电子产业比国外差 2 代到 3 代，基础薄弱、设计水平、工艺水平不能满足产业发展要求，大量需要进口，制约着通信产业生态系统建设。我国长期以模仿为主，依靠硬件载体集成、软件模仿创新，企业未形成长效的竞争机制，在芯片、软件、网络、应用等多个环节缺乏有力的造血功能，缺乏强有力的国际竞争力，同时面临产品出口的压力，因此，产业生态环境的建设亟须加强。

4. 未来的发展趋势

NFV、SDN、超宽带、5G、智能产品与装备，代表着通信设备未来发展的新趋势，无论是技术创新还是产业布局，都应牢牢把握发展趋势、抢占发展先机。围绕通信产业发展新要求，应重点发展网络控制器接口技术，加快网络应用分析技术的储备，提升流量、业务、用户行为分析等能力，紧密结合云计算、大数据等新兴趋势，提升分布式计算、存储、虚拟化、非关系型数据库等关键技术能力。

近年 4G 的建设已经为通信技术创新与产业发展带来了新机遇，而 5G 的发展却方兴未艾。5G 技术研发和产业发展，是未来移动通信的一个重要焦点，需要在超密集网络、大规模阵列天线、高频段传输技术和 D2D(Device-to-Device)通信上重点攻关，加快布局 5G 技术发展。

在光通信领域，要着力解决超 100G 技术的研发和产品的研制问题；

在光传输方面，要积极开发T比特级高速光传输设备及大容量组网调度设备，确保高传输速率、高吞吐量以及传输距离、设备可靠性。

在智能装备应用方面，可穿戴设备、新型智能终端设备以及支持广泛的M2M(Machine to Machine)、D2D等应用领域不断拓展，为移动通信技术与产业的发展提供了更加广阔的应用场景。

(三) 关键装备制造

通信的关键装备制造主要包括路由器芯片、高端网络服务器、交换器以及移动终端设备、光通信设备等，与微电子设计与工艺、计算机软硬件制造的实力与水平紧密相关。图 2-9 为全球主要通信关键设备制造商。

图 2-9　全球主要通信关键设备制造商

我国通信关键装备制造商如华为、中兴等通过不懈努力在高端交换器制造方面取得进展，但全球通信关键装备制造仍以美国企业为主，如路由器芯片制造主要是Broadcom、Marvell、Atheros、MTK等企业，高端网络服务器制造商主要是惠普、IBM、戴尔、思科等企业，交换器制造商主要是思科、Broadcom、华为、中兴等企业，我国通信装备行业的发展，在一些关键技术、行业标准、装备制造、市场拓展方面取得了显著进展，但仍面临核心芯片、通用软件以及关键装备制造上的不足和挑战。

从装备制造的视角看，目前通信装备制造具体问题呈现以下 4 个方面的主要特征：

① 以陆基为主向空基、天基发展，即通信设备平台由地面、车载向机载、弹载、星载发展；

② 大容量、高传输速率及高分辨率要求，使通信频率向更高频段发展，电磁环境更为复杂，应用范围更广，短波、超短波、微波、太赫兹等广泛覆盖；

③ 通信带宽更宽、传输速率更快。以某大型射电望远镜为例，它要求工作频率从 200 MHz 到 120 GHz，甚至更宽；另外移动通信中也要求通信带宽更宽，支持更高的移动速度，从上世纪 80 年代的 1G 通信到目前的“4G+”时代，移动通信已横跨多个频段，其传输速度也由原来的 10 kB/s 上升为近 1 GB/s。

④ 对设备的小型化、轻量化、低功耗、高精度等有更高的要求，如 30～3000 MHz 变频器，其体积为原来的 11%，同时，设备多功能一体化(软件、无线电、通信/导航终端一体化、通信、雷达、对抗设备一体化)的需求更加复杂。

为此，在具体制造方面，制约发展的瓶颈问题也更加突出，除了关键元器件自主可控，操作系统、软件、数据库的安全以及系统设计制造能力的提升之外，仍有一些具体的制造技术问题需要解决。具体制造技术如下：

① 电气互联技术。电气互联技术是电子装备先进制造的典型技术之一，具有机电结合、综合度高的特点，如表面组装技术(SMT)、微组装技术、立体组装技术和高密度组装技术等，当前通信设备制造进入到以光电互联、结构功能构件互联等为标志的新发展时期，其特征是技术

综合度更高、机电关联性更强、工艺难度更大、对电子装备系统性能和功能的影响更为直接。其难度主要在于：互联、封装、微组装工艺技术难度增加；焊接互连点的机械和电气连接可靠性难度增加；组件、微系统的机、电、磁、热、光等多学科设计优化的难度增加；互联质量的检测、保障难度增加。同时，因为材料、设计、工艺、设备、测试等多种技术之间的依赖更加密切，电气互联的技术综合性特征更加明显，要求也越来越高。

② 精密、超精密加工技术。随着高端电子装备向高频段、高增益、高密度、小型化、快响应和高精度方向发展，对其机械结构精度也提出了更高要求。例如，以工作在 X 波段的某机载雷达平板裂缝天线为例，要求铝合金基材（激励、耦合、辐射波导）的工误差不超过几十微米，对天线制造的要求更加苛刻。此外，还有微封装的微波部件超精密加工、高频段的馈源网络精密加工、复杂构件的炉钎焊和太赫兹天线的架构件精密加工等。

③ 表面工程技术。表面工程技术主要应用在表面外观工艺、表面涂装、透波表面技术和表面防护上，具体包括外观工艺设计、表面着色与装饰、表面化学修饰、前处理技术、新型防腐及机械化涂装，以及高频透波涂料、涂层系统设计、施工工艺、透波涂层电性能检测技术，还有表面镀涂、总体防护设计、防腐蚀涂层配套体系等。

④ 新材料应用。新材料应用是高端电子装备电气性能发挥的重要制约因素，如：超级通信终端的截面材料；机载、弹载通信天线共形制造；宽频带共形天线制造；超高速飞行器通信天线共形制造等，要求对于满足结构性能的新材料应用研究也应齐头并进。其中主要问题：机载、弹载、星载轻量化复合材料的应用；便携式装备轻量化复合材料的应用；Ka 及以上频段天线罩复合材料的应用等。

⑤ 结构功能件制造技术。结构功能件制造技术是指以机械结构为本体，同时承担与电、磁、光等物理性能相关的特定功能的构件，是结构功能一体化的特殊构件。其设计、制造涉及多个学科，与传统制造方法有很大差异。如战斗机的结构功能一体化共形天线，主要由支撑结构体、散热层、波束控制层、馈电层、T/R 组件、天线单元和防护层组成，各层既有机载结构强度、材料性能和机载重量等机械性能要求，又有电、磁、光和传统天线功能的要求，给制造工艺技术带来了很多新问题，急需探索和创新研究予以解决。

二、网络技术与装备

网络是计算机技术与通信技术相结合的产物，是通过通信电缆或者无线电波、红外线等，将多台计算机及其外部设备连接起来，根据一定的通信协议或规程，实现存储、计算等资源共享或者信息传递的系统，主要包含通信子网和资源子网。

(一) 发展历史

最初的计算机网络 Internet 起源于美国军事领域。如今，最大的计算机网络也是 Internet。

Internet 的构思源自于美国国防部 1962 年设计的一种分散的指挥系统。1969 年，美国国防部高级研究计划署(Defence Advanced Research Projects Agency，DARPA)部署 ARPANET 以验证之前的构思，其最初是由西海岸四个节点构成，之后通过分组交换技术将当时的数十所大学联结起来，形成了 Internet 雏形。

ARPANET 最初的连接方式如图 2-10 所示。

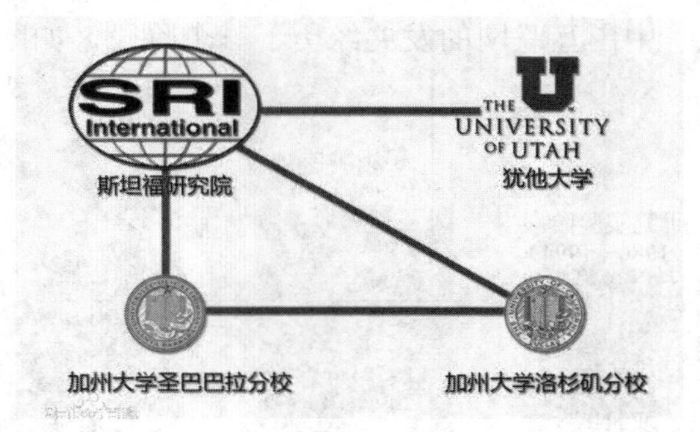

图 2-10 ARPANET 最初的连接方式

随着 ARPANET 网络上主机数目的不断增加，不同主机之间的数据通信如电子邮件等文本信息传递需求也不断增加。1972 年，全球计算机领域学者专家在华盛顿举行了第一届国际计算机通信会议，研讨成立 Internet 工作组并制定了不同主机之间进行通信的统一规范。1974 年，ARPANET 开发出一套计算机网络间报文传输的规程，即著名的 IP 和 TCP 协议，合称 TCP/IP 协议，这标志着 Internet 大范围应用的正式开始。20 世纪 80 年代开始出现了异构网络之间的互联。1981 年制定的开放互联参考模型 OSI 实现了不同厂商的计算机网络的互联。此后，TCP/IP 协议簇诞生，TCP/IP 协议体系成为 Internet 实际的网络体系标准，这极大促进了网络的发展。TCP/IP 参考模型如表 2-1 所示。

表 2-1 TCP/IP 参考模型

<table>
<tr><td>应用层</td><td colspan="3">FTP、TELNET、HTTP</td><td>SNMP、TFTP、NTP</td></tr>
<tr><td>传输层</td><td colspan="3">TCP</td><td>UDP</td></tr>
<tr><td>网络互联层</td><td colspan="4">IP</td></tr>
<tr><td rowspan="2">主机到网络层</td><td rowspan="2">以太网</td><td rowspan="2">令牌环网</td><td>802.2</td><td>HDLC、PPP、FRAME-RELAY</td></tr>
<tr><td>802.3</td><td>EIA/TIA-232,449、V.35、V.21</td></tr>
</table>

一般来说，中国互联网的发展经历了三个阶段，如图 2-11 所示。

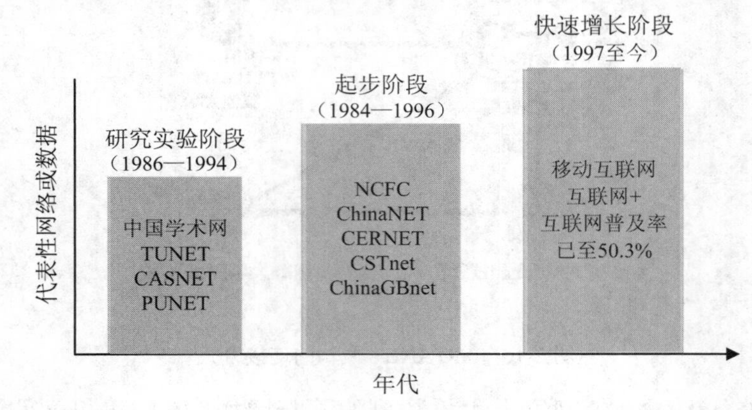

图 2-11　中国互联网发展阶段图

第一阶段是 1986 年到 1994 年的研究实验阶段。1986 年，北京市计算机应用技术研究所与德国卡尔斯鲁厄大学合作实施国际互联网项目——中国学术网，开启了中国接入 Internet 之路。期间，清华大学校园网(TUNET)、中科院院网(CASNET)及北京大学校园网(PUNET)相继建成，从而使少数高等院校与科研机构联结起来。

第二阶段是 1994 年到 1996 年的互联网起步阶段。1994 年 4 月，中国国家计算机与网络设施工程(NCFC)获得 64k 的国际专线连接 Internet，实现了与 Internet 的全功能相连。之后，ChinaNet、CERNET、CSTnet、ChinaGBnet 等多个互联网项目在全国相继启动，互联网开始进入公众生活。截止 1998 年底，中国网民数量已达 210 万人，利用互联网开展的业务与应用也呈现不断增多的趋势。

第三阶段是 1997 年至今的快速增长阶段。国内互联网用户基本上保持每半年翻一番的增长速度。据中国互联网信息中心(CNNIC)2016 年 1 月份公布的《第 37 次中国互联网发展状况统计报告》披露，截止到 2015 年 12 月，全国网民规模已达 6.88 亿人，全年共计新增网民 3951 万人。互联网普及率为 50.3%，较 2014 年底提升了 2.4 个百分点。CNNIC

公布的近三年国内网络使用情况如表 2-2 所示。

表 2-2　2012 年 12 月到 2015 年 12 月网络使用情况

	网民数量/亿人	网站数/万个	IPv4/亿	手机网民数/亿人	国际出口带宽/Mbps	域名数/万个
2012 年 12 月	5.64	268	3.31	4.2	1899792	1341
2013 年 6 月	5.9	294	3.31	4.61	2098150	1470
2013 年 12 月	6.18	320	3.30	5.0	3406824	1844
2014 年 6 月	6.32	273	3.30	5.27	3776909	1915
2014 年 12 月	6.49	335	3.32	5.57	4118663	2060
2015 年 6 月	6.49	357	3.36	5.94	4717761	2231
2015 年 12 月	6.88	423	3.37	6.20	5392116	3102

（二）网络分类

计算机网络可以按照不同的标准进行分类，分类标准有地理范围、传输介质以及网络结构组成等。

1．按地理位置分类

按地理范围大小对计算机网络进行划分是一种常见的分类方法。按照网络覆盖范围的大小可以分为局域网、城域网、广域网和互联网四种。但是，这种按地理区域大小分类的方法其实没有严格意义上的地理范围的区分，只是从定性的角度进行区分。

局域网(Local Area Network，LAN)：LAN 一般是指覆盖区域较小的网络，通信半径一般小于 10 km，且通常情况下采用有线的方式进行连接。LAN 也是我们日常生活中最为常见、应用最为广泛的一种网络。局域网具有较大的数据传输率、相对较小的网络丢包率，即局域网的网络

性能相对来说是最高的。常见的局域网有：以太网(Ethernet)、光纤分布式接口网络(FDDI)、令牌环网(Token Ring)、异步传输模式网(ATM)以及无线局域网(WLAN)。

城域网(Metropolitan Area Network，MAN)：MAN 一般限制在一个城市的范围内，并且传输半径在 10～100 km 之间。与 LAN 采用 IEEE 802.3 标准相比，MAN 采用的是 IEEE 802.6 标准。一般而言，MAN 是 LAN 在地理上的延伸。在一个城市中，一个 MAN 可以连接着好几个 LAN。

广域网(Wide Area Network，WAN)：WAN 也称为远程网，它的覆盖范围比 MAN 更广，一般覆盖了国界、洲界乃至全世界，覆盖范围从几十公里到几千公里不等，可以实现多个城市、多个国家乃至多个洲之间的互联，从而形成国际性的数据通信。广域网一般采用分组交换技术，与局域网相比，它具有覆盖范围广、无固定拓扑结构、采用高速光纤作为传输介质等优点，但是也存在维护与管理困难的问题。

2. 按通信介质分类

按这个分类标准可将计算机网络分为有线网络和无线网络。

有线网络：采用同轴电缆、双绞线、光纤等物理线缆作为传输介质的计算机网络。目前最常见的是采用双绞线作为联网介质。采用双绞线互联的计算机网络具有价格便宜、安装方便等优点，但是也存在易受干扰、传输速率低等缺点。

无线网络：采用微波、红外线、无线电等电磁波作为载体来传输数据的计算机网络。与有线网络相比，无线网络具有组网灵活的特点，并且支持客户端在覆盖范围内任意位置移动以及不受传统有线网络的路由器、交换机等接口的限制，因此它是一种较有前途的组网方式。目前出现了一系列的无线网络，如无线 Ad Hoc 网络、无线 MESH 网络、无线传感器网络等。

3. 按管理模式分类

按照该分类标准，可将计算机网络分为对等网和基于服务器的网络。

对等网(P2P 模式)：它是没有使用专用服务器进行管理的局域网，也称为工作组。局域网中所有电脑地位平等，没有从属关系，没有特定的服务器。对等网络采用松散的方式进行网络的管理，即每个节点的地位都是平等的，每个节点既可以作为请求服务的客户端(Client)，也可以作为提供服务的服务器(Server)。它适用于用户数目较少且都处于同一区域中的情形，具有网络成本低，配置以及维护工作较为简单等优点，但是存在安全性能较低等缺点。

基于服务器的网络(C/S 模式)：它是指拥有专用的服务器，且该计算机只充当服务器，不用于个人工作环境的网络。之所以将这些服务器说成是专用的服务器，主要是因为它们有着比普通客户机更高性能，能够更快速地响应网络用户提出的请求，并确保文件和目录的安全。服务器根据网络功能的不同又有各自不同的任务，主要的服务器类型有：文件服务器、应用程序服务器、通信服务器、打印服务器等。

(三) 发展趋势

当前，计算机网络出现了许多新的网络形态和发展趋势。

1. 物联网

物联网(Internet of Thing，IoT)即物物相连的系统，物联网可以作为连接物理世界与信息世界的桥梁，将之前的物物通信、人人通信这两种通信方式衔接起来形成人物通信，使得整个世界形成一个物物相连的大系统，物联网示意图如图 2-12 所示。

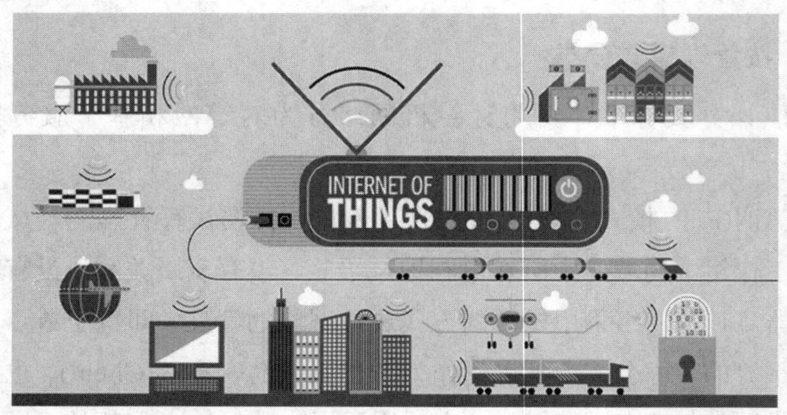

图 2-12　物联网示意图

2. 云计算

云计算(Cloud Computing)是一种基于互联网的计算方式，使共享的软硬件资源可按需提供给计算机设备，如图 2-13 所示。云计算是“大型计算机—客户端—服务器”大转变之后的又一次重大突破，能有效实现信息共享以及计算资源的高效利用。

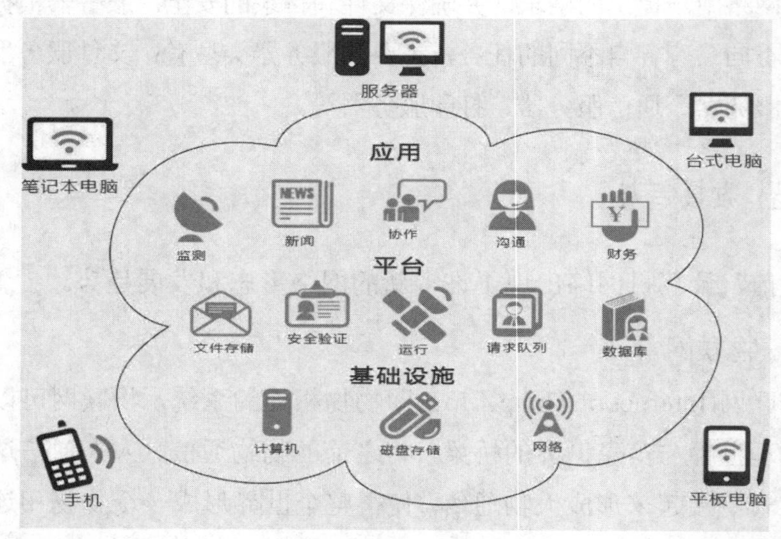

图 2-13　云计算示意图

3．数据中心网络

数据中心网络(Data Center Network)是应用于数据中心内的网络，具有大规模、高扩展性以及服务器间的高带宽、高效的网络协议、灵活的拓扑和链路容量控制、绿色节能、服务间的流量隔离和低成本等特点。网络扁平化、虚拟化及可以编程和定义的网络成为数据中心网络架构的新趋势。图 2-14 为谷歌数据中心内景。

图 2-14　谷歌数据中心内景

4．大数据

大数据是指容量大、类型多、存取速度快、应用价值高的数据集合，网络大数据是指“人、机、物”三元世界在网络空间（Cyberspace）中彼此交互与融合所产生并在互联网上可获得的大数据。图 2-15 为大数据类型及应用。

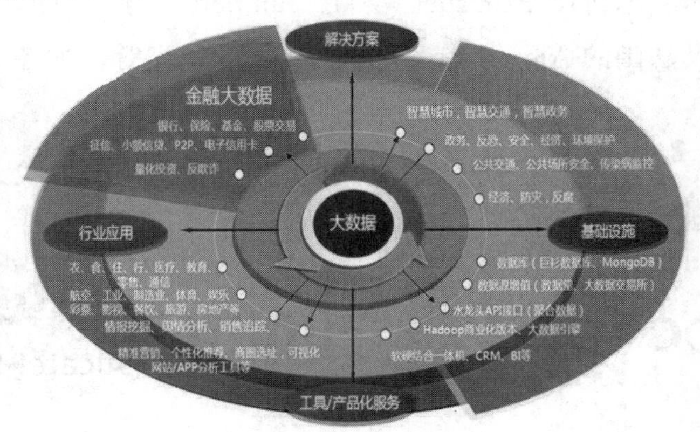

图 2-15　大数据类型及应用

网络技术的未来，将朝着下一代互联网方向发展。以 NGI 等技术为代表的下一代互联网，具有宽带、移动、泛在、安全、可信、异构等特征，连接速率可以提高至今天 Internet 速率的 100～1000 倍，更重要的是可以突破网络瓶颈限制，解决交换机、路由器和局域网络之间的兼容问题。

当前，网络技术正处于 IPv4 向 IPv6 的过渡阶段。未来，随着 IPv6 的逐渐部署，以传感器网络和计算机网络相融合为特征的物联网，将进一步扩大互联网的规模。新的低功耗网络体系架构、超大规模网络路由技术等，将进一步推动网络技术发展，并将大量嵌入式设备和传感器引入互联网。物联网技术的发展，有望在微观尺度上将互联网的末梢延伸至物理世界，构建起信息物理融合系统，最终形成人、机、物相统一的网络世界，而虚拟化、绿色节能、全光网等将成为趋势。

(四) 关键技术与装备制造

当前网络技术中，关键网络设备主要包括中继器、网桥、交换机、路由器、网关、防火墙等。在这一领域，全球制造商主要包括美国的 Cisco Systems(思科)、Brocade(博科)、Juniper(瞻博)、Hewlett-Packard (惠普)，以及法国的 Alcatel-Lucent(阿尔卡特-朗讯)等，如图 2-16 所示。

图 2-16　全球网络关键装备制造商

中国企业在网络设备制造研发上具备一定实力，华为、中兴、华三等大企业，在高、中、低端路由器上已有自主知识产权的产品。从整体上看，我国的一些关键技术、装备制造进步明显，为国民经济提供了重要的基础支撑，但在网络安全、IP 地址、核心装备上仍需要着力加强。

从装备制造的角度看，我国“十二五”期间在新一代宽带无线移动通信网、中国下一代互联网示范工程（CNGI）、“三网融合”等战略推动下，在宽带网系统技术、下一代互联网和 IPv6 技术、高速光网络、宽带光接入、无线自组织网和传感网技术上取得一系列重大进展，相关的网络核心装备制造，也逐步从中低端走向高端、自主化。

下面列出若干重要进展成果：

1. 宽带网系统技术

我国攻克了部分路由器核心部件和关键技术的难题，如转发引擎和交换网络套片等，提出了“可重构路由器”的创新思想，使我国高性能路由器装备制造核心竞争能力显著提升。我国主导并参与了多项路由领域 RFC 国际标准的制定，开展了新一代高可信网络技术的研发和集成，构建了跨区域的试验示范性网络，在网络创新体制研究、新型节点设备验证方面取得明显进展。

2. 下一代互联网和 IPv6 技术

我国建成世界第一个纯 IPv6 大型互联网主干网 CNGI-CERNET2 以及中欧高速互联试验平台，推动国内主要网络设备制造企业研制生产核心路由器和交换机，坚持自主研发并大量采用国产设备，在可信下一代互联网和 IPv6 技术、国际标准方面进入了世界先进水平。我国攻克“IPv4 over IPv6 隧道”和“IVI 翻译”等下一代互联网关键技术，提出了 20

多项国际标准草案，在国际互联网技术标准制定方面获得重大突破。

3. 高速光网络技术

光通信传输从2.5 Gb/s、10 Gb/s、40 Gb/s和100 Gb/s逐步发展，突破40G/100G超高速光传输技术，攻克了新一代大容量高可信光传送网的关键技术，研制生产了一批先进的OTN设备，掌握了一系列具有自主知识产权的硬件、软件和协议技术，形成国际标准。光网络也从点到点的传输发展到智能光网络ASON，保持了与国外技术同等水平。此外，在超短光脉冲产生的理论及技术、复杂码型调制技术、精确传输技术、光电混合锁相环时钟提取理论及技术等方面取得重要突破，建立了超高速光传输平台等。

4. 宽带光接入

我国在以太网接入、APON、EPON、GPON、WDMPON、CPON等技术方面，取得多项突破，实现了从光纤光缆、光电子器件到光纤接入系统的全产业链技术创新，实现了光接入中的高速、高效、低成本目标。

5. 无线自组织网和传感网技术

我国提出了无线自组织与新型网络体系结构、自适应与自组织无线传输技术、新型宽带无线接入体制与技术、快速交换与路由技术、新型传感器网络技术、自组织网络控制技术等，多项技术方案在IEEE 802.15.4e、IEEE 802.15.4g中被采纳。

下一代互联网关键技术、装备制造和服务是未来网络发展面临的重大挑战，如在下一代高速网络核心技术、网络基础设施建设、网络中间件技术以及下一代网络应用系统等方面，我国需要下大力气加强建设，尽快突破核心技术，不断加快产业发展，强化完整产业链的构建；同时，

结合云计算、大数据的应用、新一代移动通信技术与产业发展，突破虚拟化技术、分布式海量数据存储与管理、云计算平台管理等关键技术。此外，跟随传感网、工业互联网的新发展趋势，着力构建下一代互联网发展的制高点，推进网络基础、技术和核心设备制造的自主化。

三、计算机

计算机是一种由电子器件构成基本硬件并按程序进行高速运算的电子设备，其发明之初主要用于数值计算，以后发展为可进行逻辑计算、信息存储和处理等的电子设备。计算机由硬件和软件两大部分构成，硬件主要包括中央处理单元(Center Processing Unit，CPU)、存储器、输入输出单元以及其他类型的外设；软件划分为系统软件与应用软件两大部分，系统软件主要包含操作系统、编译程序和支撑软件，应用软件是根据用户需求开发的、借助系统软件运行的专用程序。

计算机的分类方法很多，不同的分类标准会有不同的分类结果，如：根据体系结构的不同，计算机可分为冯诺依曼计算机和非冯诺依曼计算机；根据计算机原理可分为模拟计算机、数字计算机和混合式计算机三类；根据用途的不同，可分为通用型计算机和专用型计算机；根据计算性能的高低，可分为巨型机、大型机、小型机、微型机和工作站。

(一) 发展简况

从 1946 年世界上第一台计算机“埃尼阿克”(如图 2-17 所示)诞生至今，计算机技术经历了 70 年的发展，其发展大致可分为四个阶段，如表 2-3 所示。

图 2-17　世界第一台计算机 ENIAC 及其发明人莫奇来和爱克特

表 2-3　国际计算机技术发展概况

时间	代表机型	硬件特点	软件特点	运算能力	应用领域
1946—1957 年电子管时代	ENIAC IBM650 IBM709	逻辑元件采用真空电子管，主存储器采用汞延迟线、阴极射线示波管静电存储器、磁鼓、磁芯；外存储器采用磁带	采用机器语言、汇编语言	每秒数千次至上万次	军事、科学计算为主
1958—1964 年晶体管时代	IBM7094 CDC7600	逻辑元件采用晶体管，主存储器采用磁芯，外存储器采用磁盘	以批处理为主的操作系统、高级语言及其编译程序	一般为每秒数十万次，甚至可高达三百万次	科学计算和事务处理为主，并开始进入工业控制领域
1965—1970 年集成电路时代	IBM360	逻辑元件采用中、小规模集成电路(MSI、SSI)，主存储器采用磁芯	分时操作系统以及结构化、规模化程序设计方法	每秒数百万次至数千万次	通用化、系列化和标准化，开始进入文字处理和图形图像处理领域
1971 年至今大规模集成电路时代	高性能计算机、PC、手机等	逻辑元件采用大规模和超大规模集成电路(LSI 和 VLSI)	数据库管理系统、网络管理系统和面向对象语言等	应用不同，性能高低不等	应用领域从科学计算、事务管理、过程控制逐步走向家庭

我国计算机技术的发展起步晚。我国国产计算机研制历程示意如图2-18所示。1957年下半年，中科院计算所联合数家单位，在(前)苏联专家的指导下，对 M-3 机的设计进行局部修改，我国第一台小型计算机(DJS-1型)诞生。1956年我国研制成功第一台大型晶体管计算机109乙机，1973年研制成功第一台百万次集成电路计算机150机，同时DJS-050机也揭开了我国微型机的发展历史，当时计算机主要用于石油、地质、气象和军事等部门。1987年，我国有了第一台国产的286微机——长城286。

我国第一台小型计算机

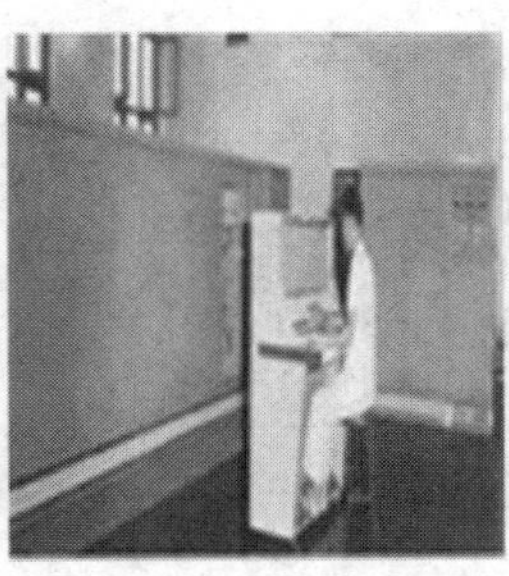

我国第一台大型晶体管计算机

我国第一台百万次集成电器计算机

国产第一台286微机

我国自行研制的“神威Ⅰ”高性能计算机

图2-18　我国国产计算机研制历程示意

2000年，我国自行研制设计的“神威I”高性能计算机，其主要性能和技术指标达到了世界先进水平，我国成为继美国和日本之后，第三个具备高性能计算机研制能力的国家。2010年天河一号A首次荣登全球最快超级计算机榜单；2013年至2016年“天河二号”连续6次名列

世界超级计算机排行榜冠军。

2016年6月30日，全球超级计算机500强公布，我国“神威•太湖之光”登上榜首，其在运算速度、自主芯片研制和绿色节能等方面实现了重大突破，成为全球首台运行速度超过10亿亿次/秒的超级计算机，峰值性能达到了12.54亿亿次/秒，持续性能达到9.3亿亿次/秒，其核心处理单元全部采用国产的“申威26010”众核处理器，实现了层次化、全方位绿色节能，功耗比达到每瓦特60.51亿次运算。我国高性能计算机典型代表如图2-19所示。

天河一号　　天河二号　　神威・太湖之光

图2-19　我国高性能计算机典型代表

(二) 技术应用及产业发展

从第三代计算机开始，由于多用途应用程序的出现，计算机应用领域不断扩大，特别是1981年IBM推出的应用于家庭、办公室和学校的个人计算机，得到市场兼容机的广泛追随。同时，Intel 公司 X86 系列中央处理器的快速发展和普及，使计算机进入到繁荣发展期，逐渐出现了高端计算机和终端计算机的行业性分化。

1. 高端计算机

高端计算机是有着核心计算、网络服务、信息存储等重要用途的中心计算设备，具有超高性能、海量存储、高可靠性、易于扩展、便于管

理和高安全性等特征。高端计算机技术复杂程度高、专业性强，其相关的设计、制造和应用水平是体现一个国家科技竞争力和综合实力的一个重要标志。

自 1993 年起，国际上每年都会按 Linpack 的测试性能公布在世界范围内已安装的前 500 台高性能计算机排名。从近年全球 HPC TOP500 排名数据看，我国天河二号、“神威 • 太湖之光”连续领跑，但从入围比例来看，我国 21.8%的占比还远远低于第一名美国 39.8%的占比，在高性能计算机的推广和装配应用方面还需努力。

由中国软件行业协会数学软件分会、中国计算机学会高性能计算专业委员会、国家 863 高性能计算机评测中心发布的中国 HPC TOP100 排行榜，为我国高性能计算机的研制生产提供参照。从最新 HPC TOP100 数据看，入榜的 Linkpack 测试值均超过了 360 TFLOPS，其中三台超过 1 PFLOPS，且全部由国防科学技术大学研制。从装机数量看，国产三强曙光、联想和浪潮合计占整个装机总量的 91%。图 2-20 为 2015 全球 HPC TOP500 国家分布数据，图 2-21 为国内 HPC TOP100 制造商系统份额。

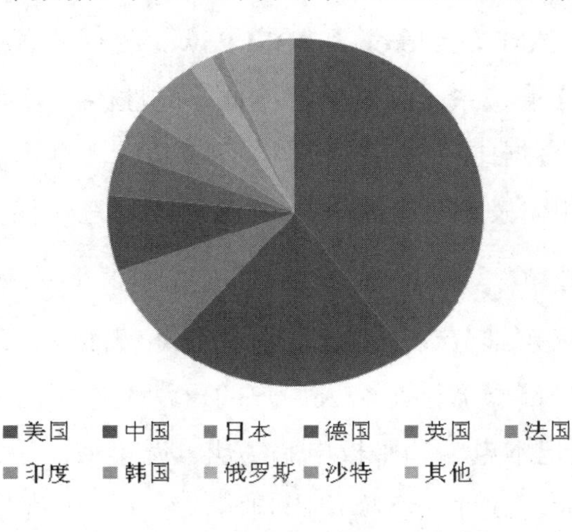

图 2-20　2015 全球 HPC TOP500 国家分布数据

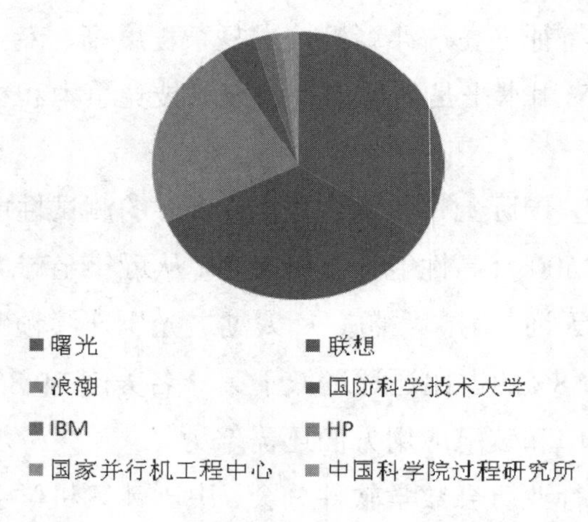

图 2-21　国内 HPC TOP100 制造商系统份额

应用领域方面，HPC TOP100 除了分布在互联网、电信、云计算、政府部门、超算中心、科学计算领域外，也在大数据、视频分析和移动互联网等领域开始部署，其中的大数据领域应用集中在大型互联网企业如百度、阿里巴巴和腾讯等。同时，应当看到，国内核心部件与国外差距很大。在 CPU 方面，Intel 公司的 Xeon 系列处理器共配置 95 套，而剩余 5 套系统中，AMD Opteron 和 IBM Power 处理器各有 2 套，而国产申威处理器只有 1 套。系统互连网络方面，高性能的万兆以太网成为主流，InfiniBand 也占据比较稳定的份额，两者合计占据近七成比例，国防科学技术大学自主研发的私有网络从 2013 年连续三年保持 4 套装机量。

2. 终端计算机

终端计算机又可细分为个人计算机和移动智能终端两大类。

个人计算机性能能够满足个人用户的日常工作生活需求即可，其又可细分为 PC、笔记本电脑和平板电脑三类。近年来，受 XP 系统停止服务带来的 PC 产业软硬件升级换代影响，传统 PC 出货量呈现小幅回暖态势，下滑速度减缓，而笔记本电脑在整个大背景下的止滑转增态势尤

为明显，而平板电脑的出货量出现下滑趋势，市场进入饱和。

从市场发展看，联想、惠普、戴尔、宏基、华硕五大厂商占据了60%以上的市场份额；从平板制造商方面看，苹果、三星、华硕、联想、惠普、宏基、戴尔、东芝、索尼、亚马逊Kindle、Google Nexus和微软Surface的占有率也高达六成。但从核心构件看，无不被国外品牌和企业占据：处理器芯片主要由Intel、AMD和英伟达厂商制造，操作系统是微软的Windows和苹果的iOS系统，存储设备厂商是美光科技、金士顿、希捷、西部数据等。我国企业核心技术的自主能力非常有限，处于初级组装生产阶段的居多，普遍缺乏提供整体解决方案和搭建生态系统的能力，仍停留在购买硬件的阶段，影响着国内产品的竞争力和话语权。整个产业对国际市场和加工贸易的依赖程度高，国内市场不足以支撑产业发展，国际市场的波动对我国产业影响较大，抗风险能力较差。

移动智能终端是指运行开放式操作系统，使用移动通信技术接入互联网，通过下载、安装应用程序或数字内容为用户提供个性化服务的终端设备。移动智能终端通常具备四大特征：一是高速的网络接入能力；二是开放的、可扩展的操作系统平台；三是较强的处理能力；四是丰富的人机交互方式。手机就是最典型的移动智能终端。

据全球市场研究机构TrendForce最新报告分析，2015年中国品牌手机厂商开始大举涉足全球市场，2015年全球智能手机出货量为12.93亿部，来自中国地区的手机品牌合计出货量为5.39亿部，占比持续创新高。

（三）发展趋势及需求

1．发展趋势

历经70多年发展，计算机应用不断拓展，其发展呈现出新的趋势。

(1) 巨型化。随着人类对世界的认识越来越深入，需要处理的信息和数据量变得愈加庞杂，这就需要有更快运算速度、更高处理性能的计算机来帮助人们完成大量的运算分析。因此，巨型机(超级计算机)的发展不会止步，只会朝着更加“巨大”的方向发展。

(2) 微型化。遵循摩尔定律的计算机芯片集成度越来越高，所能完成的功能越来越强大，应用范围愈加广泛。一些特定的设备，比如手持终端设备、可穿戴设备等都需要重量和体积都非常小的计算机系统。因此，微型化也是计算机的一个重要的发展方向。

(3) 网络化。网络化使得多个计算机系统可以不受地域限制联结在一起，它是计算机技术和网络通信技术发展和结合的必然产物。借助网络，用户能够共享平台上面的软硬件以及数据资源，实现协同设计操作、有效避免重复投资，从而降低费用。

(4) 智能化。未来计算机系统必然是微电子、光学、超导以及仿生学等各领域技术相结合的产物。信息的获取、存储、处理和输出的方式和过程会更加灵活多样，计算机将能够像人一样具有智能的感知和思维能力，与周围环境进行更加有效的互动，并给出更为合理、准确的反馈。

(5) 计算云端化。云计算是一种将计算、存储为核心的 IT 硬件、软件乃至 IT 基础设施资源以“服务”的形式进行交付和使用的模式。也就是说，用户可以通过网络按照需要、易扩展的方式获得所需的 IT 资源。通常，云计算按照服务属性可分为 IaaS(基础设施即服务)、PaaS(平台即服务)和 SaaS(软件即服务)三类，而按应用属性可将其分为政务云、商业云和行业云等多种形式。高端计算机以及围绕高端计算机的软件、系统集成及技术服务领域，均属于云计算的核心技术领域。

(6) 新型计算机。光学、分子生物学的发展丰富了人们对信息世界的认识，促进了新的计算机形态的产生。光子计算机、生物计算机、量子计算机等新型的计算机概念和形态不断地被提出和实现。

2. 新技术需求

技术的不断发展推动着计算机产业的发展，计算机产业的发展又不断地对技术提出新的要求与挑战。未来，一些最新的技术会不断地融入到计算机当中。

(1) 多核心技术。多核心技术是指将多个处理器核集成到单个物理封装内的技术，这种方式可以使得处理单元内每个核心都能以较低的频率运行，降低系统功耗的同时性能也会有较大提升。

(2) 高速互连技术。高速互连技术是对计算机节点进行大规模、高带宽、低延迟的高速互连的设计和实现。

(3) 冗余技术。为了提高系统可靠性而在设计中采用两重或多重硬件或软件保障技术，包括磁盘冗余、内存冗余、电源冗余、风扇冗余、BIOS 冗余、双机和多机高可用系统、数据容灾设计等。

(4) 数据存储技术。数据存储技术是指采取合理、安全、有效的方式将数据保存到某些介质上并能保证后续对该数据进行有效地访问。

(5) 数据库技术。数据库技术是指研究数据库的结构、存储、设计、管理以及应用的基本理论和实现方法，并利用这些理论来实现对数据库中的数据进行处理、分析和理解的技术。

(6) 高性能操作系统技术。高性能操作系统技术是指建立在节点操作系统之上，整合了计算集群中最基本的系统软件包，实现对集群资源的配置、管理、调度、控制和监视等功能。其内容主要包括集群监控技术、告警及预警技术、集群部署技术、资源管理技术、作业管理技术等。

(7) 节能技术。节能技术采用处理器智能降频、高效电源、高效VRM、智能风扇控制等技术，并结合专用节能软件的智能控制，使计算机系统的运行功耗大幅降低，并且可显著地降低计算机系统使用成本。

总的来看，随着我国信息化进程的逐步加快，移动互联、物联网、云计算、大数据的发展推动着高性能计算、高冗余计算、集群计算等新技术的发展，但在计算机制造与产业发展上，核心芯片、自主操作系统、信息安全方面的对外依赖和风险依然存在，需要下大力气解决。

(四) 关键技术与装备制造

计算机发展依赖于硬件和软件的发展，量子计算机、光子计算机、生物计算机等新型计算机的实质性诞生还需要材料、技术及应用推广上的突破与推进。就当前而言，我国高性能计算机的发展具有广阔的实际应用空间，其制造也需要突破一些核心技术，攻克若干具体的制造难题。

以我国“天河二号”为例，对高性能计算机制造面临的挑战和存在的具体问题作大致分析。

2013年至2016年，“天河二号”超级计算机已经连续六次排名全球超级计算机排行榜第一，拥有16000个结点，1.4PB内存，运算速度已经达到每秒54.9千万亿次，可提供高性能计算和云计算服务，主要应用于科学与工程计算、海量数据处理和高吞吐量信息服务，应用领域涉及基因工程、生物医学、聚变能源、智慧风能、微纳电子器件、大型装备电磁环境、金融风险分析、大型飞机设计、高速列车设计以及基因分析测序、气象、地震、宇宙演化、大地板块运动等方面，实现了诸多技术创新，使我国超级计算机制造居于世界一流水平。

其关键技术和装备制造主要包含以下四个方面：

1．核心微处理器

“天河二号”运行的是“核高基”重大专项支持研制的银河麒麟操作系统，除了操作系统与通信芯片和交换机之外，核心微处理器采用天津飞腾自主研制的FT1500微处理器，其为40 nm工艺，核心频率为1.8 GHz，包含16核，峰值浮点性能达到144GFlops，四通道DDR3设计，访存带宽达到34 GB/s，16x PCIE2.0接口，单向带宽为10 GB/s，整个芯片的典型负载功耗约为65 W。总体说来，在体系结构、网络芯片、交换机、通信协议以及存储架构上实现了自主研发，核心微处理器也实现国产，但其核心处理单元仍以美国英特尔处理器为主，“缺芯”问题依然存在。

2．高速互连

“天河二号”自主设计实现了创新性的异构多态体系结构，将科学工程计算和大规模信息服务功能集于一体，能高效支持多核CPU与众核加速器相融合的科学工程计算、大数据处理和高吞吐率信息服务。在自主高效通信协议、通信芯片组设计、高速率高密度交换机设计上取得了突破，研制出两款ASIC芯片：一个是网络接口芯片NIC，接口带宽达到224 Gb/s；另一个是网络交换芯片NRC，拥有24个端口，芯片的吞吐率达到2.56 Tb/s。整个系统采用光电混合互连技术，将信号、介质、封装、规划进行一体化设计，采用胖树拓扑互连结构，支持虚实地址转换和聚合通信优化定制大规模网络通信协议，支持RDMA、TCP/IP等多种通信协议，实现了分布式自适应路由协议和大规模网络流控与拥塞控制协议。输入输出方面，通过基于SDD高速存储的I/O加速模块，显著提升了大规模系统的I/O性能，支持全系统存储容量和I/O性能的高效均衡可扩展等。

3. 高密度组装

系统采用双面双向对插方式组装，中板电互连为系统提供直流母线，正面8个组合刀片，分别包括互连刀片、以太网刀片和管理刀片，背面8个刀片中包含有2组电源模块，组合刀片采用刀片齿轮齿条浮动共面左右盲插。同时，我国还自主研制了15种最高层数22层的PCB板，实现跨背板的多路14 Gb/s串行信号传输，模块化的设计也保证了同一架构能够支持多种配置，提高了系统的灵活性。

4. 混合散热技术

大规模系统的散热面临着性能和效率的双重压力。“天河二号”采用封闭循环水风冷混合散热方式，插电级器件采用风冷散热，机柜级采用水冷；设计的新型微流体散热片，支持单芯片300W以上散热。计算机散热风扇与空调风机合并，降低了系统功耗，减小空间；采用单机柜风机并联、多机柜风机串联的冗余设计，提高了系统可靠性；实施左右通风、最小化送风路径、最大化过流面积，有效提高散热率。此外，采用气流封闭循环，降低机房环境温湿度要求，减小了噪音。

四、雷达技术与装备

(一) 概 况

雷达是英文Radar(Radio Detection and Ranging)的音译，即为无线电探测和测距。雷达最基本的任务有两个，一是发现目标，二是测量目标参数。雷达装备主要包括发射机、发射天线、接收机、接收天线、处理部分以及显示器、数据录取、抗干扰等。

雷达探测的目标主要包括以下三个：一是武器平台类(巡航导弹、反辐射导弹、激光制导炸弹、隐身飞机、战斗机、轰炸机、武装直升机、

无人机)，二是情报侦察与电子对抗类(预警机、电子战飞机、侦察通信卫星、无人侦察机)，三是远距离地面及海面目标类（舰队、地面军事设施、导弹发射场、后勤基地）。此外，雷达探测广泛地应用于气象观测、民航管控、机场安全监视、遥感测绘、船舶航行、港口管制、汽车防撞、勘探等。

雷达应用非常广泛(如图 2-22 所示)，种类也非常多，很难使用单一标准进行分类，大体可按以下不同依据进行粗略划分：

(1) 根据雷达体制可分为相参或非相参雷达、单脉冲雷达、脉冲压缩雷达、机械扫描雷达、频率扫描雷达、相控阵雷达、数字阵列雷达、二坐标雷达、三坐标雷达、MIMO(多输入多输出)雷达等。

图 2-22　雷达主要应用示意图

(2) 根据雷达用途可分为预警雷达、目标指示雷达、火控制导雷达、炮位侦校雷达、测高雷达、战场监视雷达、无线电测高雷达、雷达引信、气象雷达、航行管制雷达、导航雷达及防撞以及敌我识别雷达等。

(3) 根据使用平台，可分为陆基、海基、空基、天基等四大类，具体为地面雷达、舰载雷达、机载雷达和星载雷达等。每一种雷达可按作用或承担的任务再细分。

(4) 地面雷达可按其功能分为对空监视雷达、引导与目标指示雷达、卫星监视与导弹预警雷达、超视距雷达、火控雷达、导弹制导雷达和精密跟踪测量雷达等。

(5) 机载雷达则包括机载预警雷达、机载火控雷达、机载测高雷达、机载气象雷达、机载空中侦察雷达等。

(6) 根据雷达信号是脉冲信号还是连续波信号可分为脉冲雷达与连续波雷达。脉冲雷达可按不同的雷达信号调制方式进一步分成脉冲压缩雷达、噪声雷达和频率捷变雷达等。采用调频连续波(FMCW)信号的雷达称为调频连续波雷达。采用相参信号与非相参信号的雷达则分别称为相参雷达与非相参雷达。按信号瞬时带宽的宽窄，雷达又可分为窄带雷达或宽带雷达。

(7) 根据信号处理的方式，可分为显示雷达、脉冲多普勒(PD)雷达、频率分集雷达、极化分集雷达和合成孔径雷达等。

(8) 根据天线波束扫描方式，可分机械扫描雷达与电扫描雷达。

(9) 根据工作频段，可分为短波雷达、米波雷达、分米波雷达、微波雷达和毫米亚毫米波雷达、太赫兹雷达等。

在民用雷达中，按功能划分，有空中交通管制雷达、内河与港口管制雷达和气象雷达等。

(二) 常用雷达典型代表

常用雷达中，有代表性的包括监视雷达、精密跟踪测量雷达、制导雷达、激光雷达、超视距雷达、机载雷达及合成孔径雷达，以及用来作为雷达主要承载平台的预警机、浮空平台等。

1. 监视雷达

监视雷达是指在给定的空域内，以一定数据率发现和测量本空域(一般为大气层内空域)内所有目标的雷达，是防空系统主要装备的搜索雷达，不属于跟踪雷达。监视雷达的主要探测对象为飞机、战术导弹、巡航导弹等。监视雷达是应用最早、使用最广泛的雷达。

监视雷达按用途可分为警戒雷达、引导雷达、低空雷达、目标指示雷达、航路监视雷达、场面监视雷达等。

目前常用的监视雷达有：

三坐标雷达——指在一次扫描中同时获得指定空域内所有目标方位、距离、高度等数据的雷达。三坐标雷达的设计必须要节省资源，并处理好空域、精度和数据率的矛盾。

双基地雷达——指发射站与接收站分置并相隔有相当长距离的一种雷达系统，具有收发分置、接收站无源被动接收、充分利用侧向散射能量等特点，可分为合作式和非合作式，能适当克服单基地雷达遇到电子干扰、隐身目标、低空突防、反辐射导弹威胁等诸多难题，其应用有战术区域防御用的双/多基地雷达、反隐身栅栏雷达、星载空中监视双基地雷达(如美国西风技术、巡逻兵计划)、基于外辐射源的双基地雷达(如美国“寂寞哨兵”)。

稀布阵综合脉冲孔径雷达——指稀疏布阵、由全数字波束形成、工作在 VHF 频段的一种雷达。该雷达既具有米波雷达在反隐身及抗反辐射导弹方面的优势，又克服了普通米波雷达角分辨率差、测角精度低以及反侦察力差等缺点，法国早在20世纪80年代就开展了此方面的研究。稀布阵综合脉冲孔径雷达实际上是一种典型的多输入多输出(MIMO)雷达。图 2-23 为美国“寂寞哨兵”雷达和我国稀布阵综合脉冲孔径雷达。

美国“寂寞哨兵”雷达

我国稀布阵综合脉冲孔径雷达

图 2-23 美国“寂寞哨兵”雷达和我国稀布阵综合脉冲孔径雷达

2. 精密跟踪测量雷达

跟踪雷达的主要功能是对目标坐标及其轨迹进行实时精确测量，并对目标未来位置做出准确预测；现代跟踪雷达除上述功能外，还要求在恶劣电磁环境下对多目标进行高分辨测量、目标特征测量、目标成像及目标识别。

跟踪雷达广泛应用于军事、经济、社会诸多领域。在军事方面，可用于武器控制，用来对被射击目标进行跟踪测量，为武器系统提供目标实时、前置位置数据以控制武器发射的跟踪雷达，又称火控雷达，如美国地基雷达（XBR）、宙斯盾、爱国者以及俄罗斯 C-300，见图 2-24 所示。此外，靶场测量、空间探测等也多见使用。

目前常用的跟踪雷达包括有单脉冲精密跟踪雷达、相控阵跟踪测量

雷达、炮位侦察与校射雷达、连续波跟踪测量雷达。

地基雷达　　宙斯盾

爱国者　　C-300

图 2-24　跟踪雷达典型代表示意图

3. 制导雷达

制导雷达系统是一种由各类探测、控制、数据传输、通信等设备集成的防空导弹武器系统中的地面设备，其主要任务是对来袭目标进行探测、跟踪、识别，同时全程控制拦截导弹。

目前，制导雷达按照制导方式，可分为指令制导、寻的制导、复合制导；按照任务可分为中近程、中远程，由目标指示雷达、跟踪制导雷达、指挥控制中心、数字通信系统、导弹发射控制车、导弹及其制导控制系统等组成，其主要作战对象是高性能飞机(中远程轰炸机、战斗机、高超音速飞行器、武装直升机、高性能无人机)、地-地导弹、战术导弹(空-地导弹、反舰导弹、反辐射导弹、巡航导弹)等。

未来防空导弹武器系统对制导雷达具有更高要求，包括：拦截多种空中目标的能力(如隐身轰炸机、战斗机、侦察机、预警机、电子干扰机、无人机、巡航导弹、战术弹道导弹、精确制导炸弹等)，反隐身、抗干扰、抗摧毁、抗硬杀伤能力，同时承担对目标的宽带成像识别等任务，具有雷达组网及综合信息融合能力，同步发展空基、天基武器拦截系统。

4．激光雷达

激光雷达是通过发射激光束来探测目标的位置、速度等特征量的雷达。激光雷达将测量功能与搜索、跟踪结合，对被探测目标在一定空间和时间内的运动特性，按照先宏观、后微观的顺序进行探测。

激光雷达具有精确测量与跟踪的优势，既要求己方在复杂电磁环境中工作并提高适应性，又必然受到对方采取光电对抗（包括光电侦察、光电干扰、光电防御、光电隐身及屏蔽）的反制措施的影响。

激光雷达主要包括测距激光雷达、测速激光雷达、微脉冲激光雷达、成像激光雷达，如图 2-25 所示。

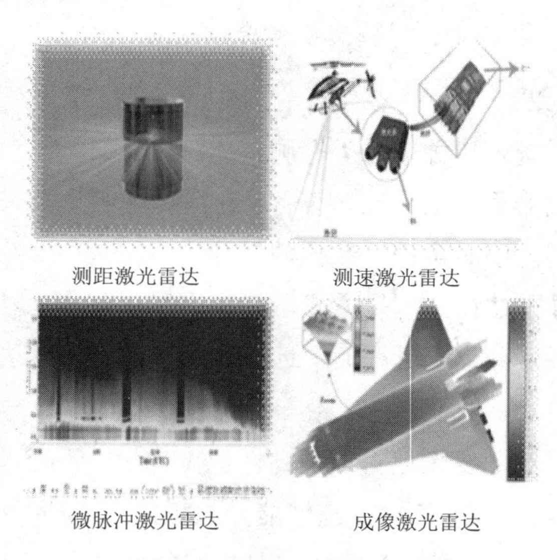

图 2-25　激光雷达典型代表示意图

5．超视距雷达

超视距雷达属于一种特种雷达体制，运用波束弯曲原理，不受地球曲率影响，重点探测以雷达站为基准的水平视线以下的目标。

超视距雷达根据传播方式可分为天波、地波、微波大气波导等，其中，天波、地波超视距规模大、设备多，多以陆地和岸基为主；微波大气波导超视距多以舰载为主，但受海面所处地理位置和环境因素影响，在时间可用度方面不如天波和地波雷达。超视距雷达主要包括：高频天波超视距雷达、高频地波超视距雷达、大气波导传播超视距及微波超视距雷达，如图 2-26 所示。

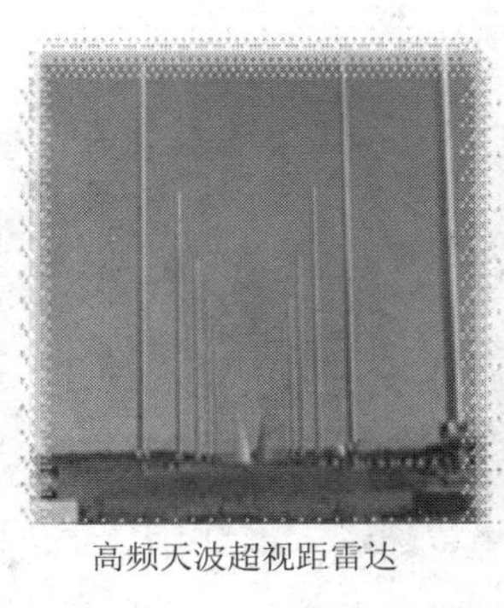

高频天波超视距雷达

高频地波超视距雷达

大气波导传播超视距雷达

微波超视距雷达

图 2-26　超视距雷达典型代表示意图

超视距雷达在远距离探测低空、海面目标时具有重要作用，能实现地平线以下、远程、大区域探测目标任务，具有其他雷达不同的特性，能解决低空与海面目标突防。除了地面部署更多低空补盲雷达外，超视距雷达是一种成本较低、经济适用的办法。

6．机载雷达

机载雷达能够实时、主动地获取探测信息。各类机载预警雷达、机载搜索与监视雷达，由于平台升空，克服了地球曲率对雷达观察视距的限制，增加了对低空入侵飞机、低空巡航导弹及水面舰船的观察距离，给防空系统和各级作战指挥系统提供了更长的准备时间。机载雷达主要包括：脉冲多普勒雷达、机载预警雷达、机载火控雷达、机载战场侦察雷达、直升机机载雷达、无人机机载雷达，如图 2-27 所示。

脉冲多普勒

机载预警

机载火控

战场侦察

直升机

无人机

图 2-27　机载雷达示意图

7. 预警机

预警机即空中指挥预警飞机，是指拥有整套远程警戒雷达系统，用于搜索、监视空中或海上目标，指挥并可引导己方飞机执行作战任务的飞机。预警机面临的主要挑战：更高、更严、更复杂的要求；在平台、机载雷达、敌我识别(IFF)/二次雷达、红外与激光、无源电子侦察设备等方面需要改进和加强；无人机预警是未来预警机的一个重要发展方向。

8. 浮空平台

浮空平台一般是指比重轻于空气、依靠大气浮力升空的飞行器。雷达技术的发展，已经不能仅仅局限于雷达技术本身的突破，而是要为雷达寻找更为丰富的承载平台，以发挥其更大的功用。相对于机载和星载平台，浮空平台具有滞空时间长、效费比高等优点，随着相关构造、材料、控制和载荷等技术的进步，浮空平台的应用前景将会更加广阔，并将扮演越来越重要的角色。目前，浮空平台主要有气球载雷达系统、预警飞艇，如图 2-28 所示。

气球载雷达系统　　　　预警飞艇

图 2-28　气球载雷达和预警飞艇

9. 民用雷达

民用雷达包括气象雷达、航行管制雷达、遥感设备雷达、测速雷达等，如图 2-29 所示。其中，气象雷达需求和民用机场雷达需求十分旺盛。

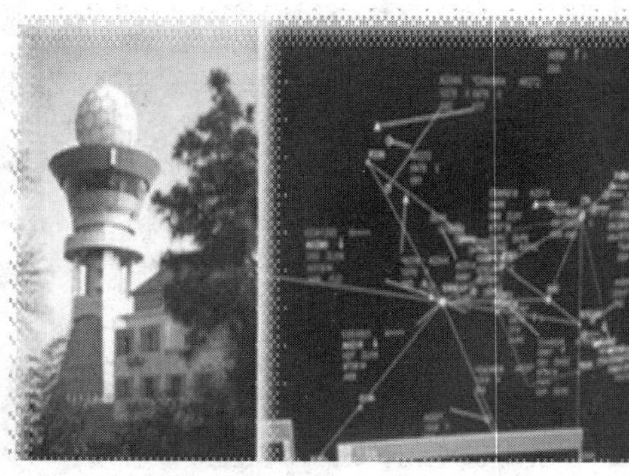
气象雷达　航行管制雷达

安防雷达　遥感测绘雷达

图 2-29　民用雷达典型代表示意图

气象雷达——观察气象天气的雷达，用来观测和研判暴风雨和云层的位置及其移动路线。国际上许多发达国家研制不同制式、多功能风廓线雷达，建立了国家风廓线雷达网，以提高对大气污染物、灾害性天气的监测预警能力和人工影响天气的能力，提高数值预报、临近天气预报的准确度。

航行管制雷达——分为一次雷达和二次雷达。一次雷达是主动探测雷达，与传统的电磁雷达一样，不需要飞机应答即可通过电磁波探测飞

机的位置、速度和方向；二次雷达是被动探测雷达，通过收发飞机上的应答机编码、飞机航表数据和呼叫飞行员来实现空中管制。

其他民用雷达——如：汽车防撞雷达，通过雷达传感器来探测汽车周围环境和目标，为自动驾驶和安全驾驶提供信息支撑，已经在欧美厂商生产的部分高端汽车上得到应用；安防雷达，相对于红外、光学等安防设备，该雷达具有全天候、全天时、可靠性高的优点；遥感测绘雷达，可以获得广域高精度三维数字地形信息，在资源普查、农作物监测、地图更新、灾害监测预报等方面有广阔应用前景。

（三）发展趋势与展望

目前，雷达系统进入网络化智能化时代，新概念、新体制、新平台雷达不断涌现推动雷达技术的创新，核心器件技术的突破为雷达性能提升奠定基石，正在孕育全新一代雷达体系。

新技术的发展特点具体表现在以下三个方面：

(1) 新作战需求、任务牵引开启雷达体制跨代发展。随着隐身目标、低空低速和高空高速巡航导弹、无人作战飞机等目标出现及电磁环境的日益恶劣，雷达正在向着多功能、自适应、目标识别为代表的第四代雷达方向发展。探测技术从当前集中式信息获取、预先设定的工作模式向分布式信息获取、自适应及智能化工作模式等方向拓展。

(2) 新概念、新理论、新平台成为技术变革内在动力。通过与太赫兹技术、微波光子技术、量子技术等新兴技术理论的交叉融合，诞生了太赫兹雷达、微波光子雷达、量子雷达等新兴雷达技术。同时，新型空基、天基甚至临近空间平台也促使雷达在技术和体制上出现新的飞跃。

(3) 核心器件技术突破促进了雷达性能提升。与雷达相关的微波集成电路等基础技术取得一系列突破，全数字化 T/R 组件得到实际应用，GaN 等宽禁带材料、单片集成系统、芯片倒装、多芯片组装等新技术和工艺投入应用于创新，为雷达性能进一步提升奠定了基础。

同时，现代雷达技术需要提升对低可观测目标、高机动目标、低空远距离目标、空间目标的探测能力，且还具备目标精细信息获取和成像识别能力；此外，在复杂电磁环境下能保持雷达探测性能的稳定性和可靠性。

为此，需要在以下三个方面加大研究力度：

(1) 雷达系统技术。为应对日益复杂的目标环境、电磁环境、地理环境以及发挥最大探测效能、多样化任务需求，雷达系统正向着多功能、数字化、灵活的资源管理调度、优越的电磁对抗、具备目标分类识别能力等方向发展。系统技术研发需要深化多传感器组网、信息融合技术研究，增强体系对抗能力；开展以雷达为核心的综合信息感知系统技术研究，提高信息利用能力；推进雷达软件化进程，满足节点化、可重构的战术需求；加速识别技术和认知技术应用，实现雷达智能化、多功能化。

(2) 雷达对抗技术。雷达对抗技术正朝网络化、分布式、无人化、自适应、灵活捷变、多功能、小型化的电磁频谱战系统的趋势发展，以减小造价高昂的多用途有人空中平台在强对抗战场环境下承担的风险，同时降低作战使用成本，提高战术使用灵活性。

(3) 信号处理技术。雷达和雷达对抗系统不断进化带动了信号处理技术的发展，如目标识别技术、空时自适应处理技术、认知技术的飞速发展。在精细化信号处理技术、认知发射技术、智能抗干扰技术等方面加大研发投入，充分利用先进的信号处理技术和灵活的工作模式设计提升雷达探测性能，满足信号处理技术发展的新需求。同时，高速 DSP 芯片技术不断取得突破，宽禁带半导体功率器件也开始逐步应用，未来高效高速器件、微系统等技术的发展将为雷达技术带来新的活力。

总的看，我国雷达事业，从建国初修配雷达、20世纪50年代到60年代仿制雷达、70年代到80年代开始自行设计制造发展到今天，已在雷达技术上逐步缩小了与世界先进水平之间的差距。在陆、海、空以及军民两用雷达方面，基本建立了国土防空雷达情报网、航天测量控制网、对海雷达情报网、防空高炮及地空导弹电子系统、雷达敌我识别系统以及气象雷达探测网，为导弹、卫星等尖端武器和飞机、舰艇、坦克等常规武器配套研制了各种雷达。同时，民用雷达重点追求性能、质量与优良的性价比，为能源、交通、水利、气象、纺织、医疗等传统产业提供了大批先进的雷达装备。

从国内外代表性雷达系统装备及技术特征比较来看，我国雷达及雷达对抗装备与国外同步发展。在共性技术方面，如目标识别技术、软件化雷达技术、认知雷达探测技术，国内外技术水平相当。在前沿技术方面，如微波光子技术、太赫兹技术、云探测/计算雷达技术，国内研究也均达到了国际先进水平。在器件技术方面，如微系统技术、数字化器件等，国内企业起步较晚，发展速度很快，但仍在不断追赶国际先进水平，力争摆脱国外器件的制约。在雷达技术层面，我国近年来发展迅猛，相控阵技术已经成熟，数字阵列雷达技术也逐渐完善，数字信号处理、自适应处理方法等先进信号处理技术广泛应用，和国外的差距逐渐变小，已处于从跟踪研究向引领发展过渡的关键时期。

而从雷达的民用市场看，我国与世界发达国家相比仍有一定的差距。除气象雷达之外，航管雷达、船舶雷达等以及车用防撞雷达等市场仍被欧美、日本等国占据，民用雷达市场的规模将随着经济发展不断拓展，但必须跟随民用航空市场的发展而同步推进，而在自主制造层面，还缺乏完整的产业链，新技术的军民两用转化以及生产制造方面还存在许多问题亟待解决。

(四) 关键制造技术与装备制造

雷达装备制造是武器装备制造的重要组成部分，其主要包含了机械制造、微波与电子器件制造、特种制造等多领域的专业制造技术，在雷达新概念、新体制、新技术快速发展牵引下，关键制造技术和装备制造主要的具体问题集中在电气互联与先进连接技术、精密加工成型、复合材料及表面工程、热管理技术以及数字化制造技术等方面。

1. 电气互联与先进连接技术

雷达电子设备小型化、高性能及高可靠性的发展需求，对电气互联和先进连接技术提出了较高要求。电气互联主要研究解决芯片级以上（不包含芯片制造）的电子系统制导技术，包括各类收发/功分等微波组件、高性能信号处理系统以及雷达分机/整机系统的电气装配互联。先进连接技术则主要指精密焊接、精密铆接、集成装配以及导电连接、绝缘灌封和防护等。

电气互联技术在多功能混合集成电子基板、封装和多芯片组装、板级电路高密度组装、模块组装及整机组装方面已经取得很大进展。基于数字/微波功能集成的混合多层基板得到深入应用；板级高密度组装、多芯片微组装、立体堆叠、模块级三维立体组装互联等模块化组装已形成体系，成为相控阵雷达收发组件、变频模块等制造的关键技术；多芯片微组装在雷达装备制造中得到广泛应用，生产效率成几何倍数增长；基于自动粘片、键合、测试等自动化工序并集成任务管理、输送和质量控制于一体的变批量微波多芯片组件柔性组装技术，已应用于核心组件制造系统中。

先进连接技术主要用于天馈部件、装载框架、传动系统、电气系统等重要组件的制造和防护，在真空钎焊、电子束焊接、搅拌摩擦焊、激

光焊接等技术中已广泛应用，并能支撑多层平板裂缝天线、精密馈电组件、冷板组件、高频封装组件等部件的制造。

2. 精密加工成型

精密加工成型技术主要应用于天馈部件、收发组件以及机电液旋转关节、高精度微波功能薄壁件、曲面件等复杂零部件的制造。目前已突破传统的切削加工与高速切削、电加工、铸造等，形成了如高效无损切削技术、精密塑形成型、精密铸造、高性能微波介质材料加工、激光高能束加工和深孔加工等特种加工技术。

3. 复合材料及表面工程

雷达天线罩透波性能、高刚强度轻量化构件制造要求，推动着玻璃纤维、碳纤维等复合材料在雷达装备制造中的应用。近年来，围绕机载、星载相控阵雷达核心收发组件的第3代封装壳体新材料的批量工程化应用成为研究热点，主要研究内容是以Si/SiC颗粒、碳纤维、金刚石等材料增强性能优越的铝基复合材料的制备，以及加工技术、表面改性技术、焊接技术等。

4. 热管理技术

随着雷达系统功率密度的不断提高，热管理技术成为制造中必须解决好的关键技术。而液冷、风冷设计是热管理技术的主流，同时该技术也要有效解决功率密度越来越大的高密度电子器件或组件的热管理及可靠性问题，且这种技术为降低器件工作温度、改善器件热性能、提高可靠性的热管理所必不可少。设计过程中需考虑实际应用、元件级、板级、组件级和系统级的热管理设计与优化，探索封装中的前沿热控设计和材料工艺集成技术。

5. 数字化制造技术

该技术主要包括面向制造过程的数字化设计、仿真、加工工艺技术等内容，在提升设计能力和水平、推进加工过程数字化、优化工艺参数、缩短产品研制周期等方面，能起到显著作用，而其中如精密焊接、精密加工、复合材料铺层设计等已经成功应用。同时，结合数字样机研发、3D 打印技术等新技术的发展，融合协同仿真技术、先进工程数字化制造方法、数字化网络化制造体系等新型制造手段，解决大尺寸成型设备、金属非金属等粉末材料制备、成型精度与表面质量等具体问题，将对推进雷达装备的智能制造产生更大的推动力。

五、天线

天线是无线电设备中用来发射或接收电磁波的设备，它是电子装备中不可或缺的器件和载体。天线把传输线上传播的导行波变换成自由空间中传播的电磁波，或者进行相反的变换，一般都具有可逆性，即同一副天线既可用作发射天线，也可用作接收天线。

(一) 大型天线分类及发展趋势

自从 1894 年波波夫发明无线电天线以来，天线已经被广泛应用于航空、航天、航海、天文、探测、通信，乃至能量传输与转换上。大型天线是高端电子装备制造中应用最为广泛、指标要求和功能要求最为全面和最具代表性的重要装备之一。一个典型的天线系统就是反射面天线，其典型应用包括雷达的测控、警戒、搜索、预警、跟踪，星间和民用卫星通信，射电天文以及无线能量传输等。

天文观测是反射面天线的一个典型应用领域。在这一领域中，典型的天线装备被称为射电望远镜，其结构设计主要有非全可动和全可动两

种，我国已建成中的FAST和正在筹建的QTT就是两种典型代表。

1．非全可动射电望远镜FAST

位于贵州平塘县的FAST，其全称是500米口径球面射电望远镜，如图2-30所示，它是目前已经建成的世界最大单口径射电望远镜。FAST被建在一个喀斯特洼地中，其随时形成的抛物面口径达300米，建成后的工作原理是，被馈源照明部分的球形反射面，可实时地调整为一个抛物面，从而可用传统的抛物面望远镜的馈源照明技术来实现宽带观测。FAST是一种典型的反射面固定、馈源移动的非全可动结构。类似的非全可动射电望远镜，还包括美国1960年建成的阿雷西博射电望远镜(Arecibo Radio Telescope)。

图2-30　已建成投入使用的世界最大非全可动反射面天线FAST

2．全可动射电望远镜QTT

位于新疆昌吉州奇台县正在筹建的110米射电望远镜，简称QTT，如图2-31所示，建成后将成为世界上口径最大的全可动射电望远镜。QTT项目预计天线重量将达到6000余吨、高度超过35层楼，工作频率30 MHz～117 GHz。与以FAST为代表的非全可动射电望远镜不同，这类全可动的射电望远镜观测范围更广，可用于追踪，提高接收灵敏度。此类典型的全可动射电望远镜，还包括美国100米×110米GBT(Green Bank Telescope)，德国Effelsberg 100米口径射电望远镜，以及中国佳木斯66米S/X双频段与新疆喀什35米S/X/Ka三频段全可动天线。

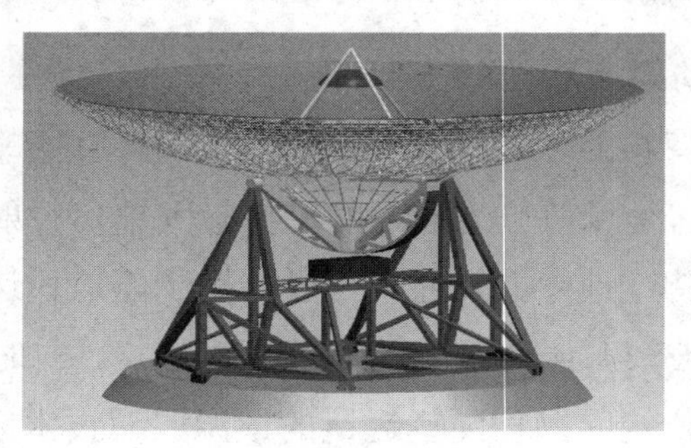

图2-31　正在筹建的世界最大全可动反射面天线QTT(效果图)

除反射面天线外，还有光子带隙、超导及等离子等不同类型的天线，它们各具特点，被用在特定的领域。比如等离子体天线就是指使用被电离的气体作为电磁能量传导介质的天线，通过控制等离子体的形态和强度等参数可以对天线带宽、频率、增益和方向性等特性进行动态的重构。与传统的天线相比，等离子体天线的效率将更高、重量更轻、体积更小、尺寸更小、带宽更宽。

(二) 星载可展开天线

星载天线是卫星系统的“眼睛”和“耳朵”，广泛应用于通信、电子侦察、导航、遥感等领域。星载天线一般具有大口径、高精度、轻重量特点。大口径，是因为距离远、卫星接收的信号微弱，星载天线必须具有高增益的特性，加之为满足多功能、多波段、大容量、高功率的需求，因此不可避免地趋于大口径化。可展开，是因为现有火箭整流罩尺寸与发射费用的限制，要求星载天线不仅轻而且收拢之后体积要小，因此必须做成可展开的，即发射时收拢、入轨后自动展开。典型的星载可展开天线有反射面、阵列和微电子机械等类型。

1. 反射面星载可展开天线

这是各种应用卫星上使用最多的一类天线形式，可作为超高频、

微波乃至毫米波波段的通信卫星天线，一般分为四大类：刚性反射面天线、充气反射面天线、网状反射面天线及薄膜反射面天线。目前，在轨运行的星载大型可展开天线主要为网面可展开天线，它在理论、实验研究方面都是国际宇航界的关注热点之一。现存的反射面天线，主要向两个方面发展：一个是更大的口径，另一个是更高的精度。研制同时满足大口径和高精度要求的星载天线将是未来的一项挑战性课题。

2. 阵列星载可展开天线

典型的阵列天线包括线阵、平面阵、共形阵、相控阵等多种类型，其中相控阵天线是当今发展最快、应用潜力最大的一种天线形式。它不仅可用于多目标跟踪、反导预警、舰载、机载及星载武器系统、电子对抗系统中，还可应用于空间飞行器、卫星通信及空中交通管制等方面。比如在航天大容量通信和微波遥感成像 SAR（合成孔径雷达）中，大尺寸的平面有源相控阵天线就被大量使用。由于运载火箭整流罩尺寸的限制，星载 SAR 天线通常被分成若干（4～8）块子阵面板，折叠收拢在星体周围。当卫星进入预定轨道后，通过伸展机构将天线阵面在卫星舱外展开。

（三）民用天线技术及产业发展趋势

移动通信领域对于天线的使用最为频繁和广泛，这一领域基本上以每 10 年作为一个技术更替单位向前发展，也是民用天线发展覆盖最广、影响最大的典型应用。

从 20 世纪 80 年代以来，移动通信网络经历了 AMPS 为代表的 1G 网络，GSM 为代表的 2G 网络，CDMA2000、WCDMA、TD-SCDMA 为代表的 3G 网络，以及 TD-LTE 和 FDD-LTE 为代表的 4G 网络，目前正朝着 5G 技术发展。

其在天线发展方面的趋势主要包括：

1．小型化和宽带化

小型化主要是由于超大规模集成电路和微波集成电路的快速发展，以及各种新材料和新工艺的应用产生的发展趋势。所谓小型化，是指天线尺寸有较大减少，而天线的性能并未有多少下降。宽带化指同一副天线能够适应多个标准下不同频段的使用，并且能实现效率高、损耗小、在覆盖的多个频段上保持性能稳定。未来无线移动通信系统设备将向着多功能一体化、小型集成化、模块化、智能化的方向发展。

2．智能化和分布化

未来移动通信建网原则将变得十分复杂，比如室内覆盖将以容量接入和光纤系统为主要技术手段，城区覆盖将以具有智能控制的分布式街道站为主要方式，农村和郊区仍沿用现在的宏基站方式。为满足通信需求的多样化，需要引入具有智能控制的有源分布式天线，解决各分布式系统之间的顺畅衔接、干扰抑制、容量调配等问题，从而促进移动通信天线向智能化、分布化方向发展。

3．有源化和一体化

随着从 2G、3G、4G 及 5G 的发展，移动通信网络面临的困难有三个：第一，如何应对日益增长的来自智能终端数据流量的压力，即如何提高吞吐量；第二，如何降低网络的建设与维护成本；第三，如何降低网络的运行能耗，减少电磁污染，实现绿色智能网络。有源天线能够适应更加灵活的无线资源管理方式，提高通信基站的性能，更有效地利用频谱资源，实现了提高流量、降低成本、节能减排的要求。有源天线技术已成为解决通信网络以上困难的重要技术途径，是通信网络发展的必然趋势。

此外，移动通信领域将会出现美化天线、绿能天线等新型天线技术。如果移动智能终端和可穿戴设备的天线技术在技术创新与成本控制之间能找到恰当的平衡点，那么该技术具有较大的市场发展潜力和规模前景。民用天线技术发展趋势示意图，如图 2-32 所示。

天线小型化和宽带化

天线智能化和分布化

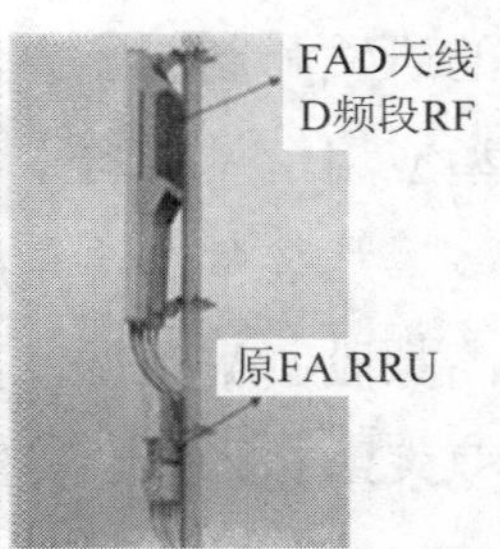

天线有源化和一体化

图 2-32 民用天线技术发展趋势示意图

在民用天线制造行业，世界发展水平变化较大、极不均匀。

2003 年以前，中国移动通信天线核心设备 99%都是依靠进口，天线的国产量不足 1%；2003—2009 年，中国诞生了一大批天线生产企业，数量超过全球天线厂家数量的一半，85%的移动通信天线设备实现国产化；2010—2015 年，中国天线企业逐渐走向全球市场，保守估计全球超过 60%的天线在中国生产，中国成为名副其实的移动通信天线大国。国内天线厂商以京信、通宇、华为和摩比四家为主，生产研发能力集中在广东，这一现象业内被称为“世界天线看中国、中国天线看广东”。

然而，中国目前只是天线制造大国，还不是天线制造强国，尤其在高质量、高性能的天线方面，同德国 Kathrein、美国 Commscope 和 Amphenol、英国 CellMax 还有不小的差距。同样一个产品，2005 年时中国企业报价只有国外企业的 1/4，2010 年报价为对手报价的 1/2，即使到了 2015 年，中国企业报价也只有对手报价的 70%。民用天线产业发展需要在技术创新与产业协同方面加强顶层设计与规划，抓好产业的可持续长远发展。

(四) 关键设备制造

在大型天线设备制造领域，我国技术发展水平相对稳定，具备一定的研发和制造能力，在航空航天、军事装备等大型高端装备制造上有典型应用，具备自主研发制造的一定实力与水平。

从装备制造角度看，大型天线的制造应用广泛，在高端电子装备向高频段、宽频带、多功能、一体化趋势发展的背景下，天线制造的精度要求增高，同时天线制造还应满足机械性能与电性能的双重要求，故我国需要在机电耦合乃至多场、多尺度、多工况影响机理下的设计与制造取得系统级的创新突破，解决高精度制造的具体问题。此外，在共形天线制造、星载智能天线制造上也同样存在一些关键技术需要突破。

1. 大型天线高精度制造

大型天线高精度制造主要解决机械结构设计与电性能满足之间的矛盾，实现机电耦合设计，通过理论建模、仿真计算、优化设计研发数字化模具，在高精度面板制造及涂装工艺、骨架结构设计制造、天线座装配工艺等方面满足设计需求，达到性能指标。同时，还需要在制造过程中解决好工艺误差、焊接变形、精度检测等问题。

2. 共形天线制造

共形天线实现了与载体表面的共形，有效扩展了雷达天线的孔径，提高了探测距离和探测隐身目标的能力，扩大了探测区域，并有利于节省战机装载空间、减少体积和重量等，成为发展相控阵雷达的重要制造支撑。共形天线制造面临的挑战主要是保证阵列所有单元相同的方向图、最大值指向、一致的极化取向，同时要解决馈电网络功率分配、波束控制、有源输入阻抗匹配等关键问题，在实际应用中还应考虑到飞机、导弹等载体振动和动态变形对天线阵面的影响等。

3. 星载智能天线制造

星载智能天线制造主要是将智能多波束天线应用于卫星平台，利用多个窄波束天线实现可变区域、方向的信号收发，具有增益高、抗干扰

能力强等优点。制造技术主要是在轨增材制造、大型结构在轨装配技术。

在轨增材制造是指充分利用 3D 打印技术，并将其应用到卫星微重力环境中，解决真空、辐射、高低温、大尺寸等实际问题，实现在轨增材制造，如 NASA 提出的 3D 打印辅助“蜘蛛制造”等。

在轨装配是主要研究在太空中构建大型结构的技术，将若干单元、部分或小尺寸空间结构通过机械连接、焊接或粘接等构成大型整体空间结构，包括可展开结构装配、太空成形结构装配。该技术目前分为宇航员手动装配和空间机器人自助装配两个发展阶段，需要解决可装配结构拓扑设计、连接机构设计、机械臂、遥控机器人、自助机器人等方面的难点技术。

六、微电子

微电子技术起源于二战中后期军事发展对电子设备的超小型化、微型化的技术需求。集成电路是一种微型电子器件或部件，采用一定工艺把晶体管、电阻、电容和电感等元件及布线互连，制作在半导体晶片或介质基片上，然后封装在管壳内，成为具有所需电路功能的微型结构，使电子元件向着微型化、低功耗、智能化和高可靠方向发展。集成电路是微电子技术的核心。微电子技术是随着集成电路，尤其是超大型规模集成电路的发展而成长起来的一门新技术，包括系统电路设计、器件、工艺、制备、测试以及封装等。微电子技术不仅引起了电子设备和系统的设计、工艺、封装等的巨大变革，高性能器件以及新型器件的不断出现，又促进了微电子技术和整个电子信息产业的深刻变化。

（一）历史概况

微电子技术实现了电子系统微型化，引发了电子设备设计、制造、应用领域的巨大革命，在电子信息技术发展和电子装备制造过程中，扮演着十分重要的角色。微电子技术发展历程概括示意图如图 2-33 所示。

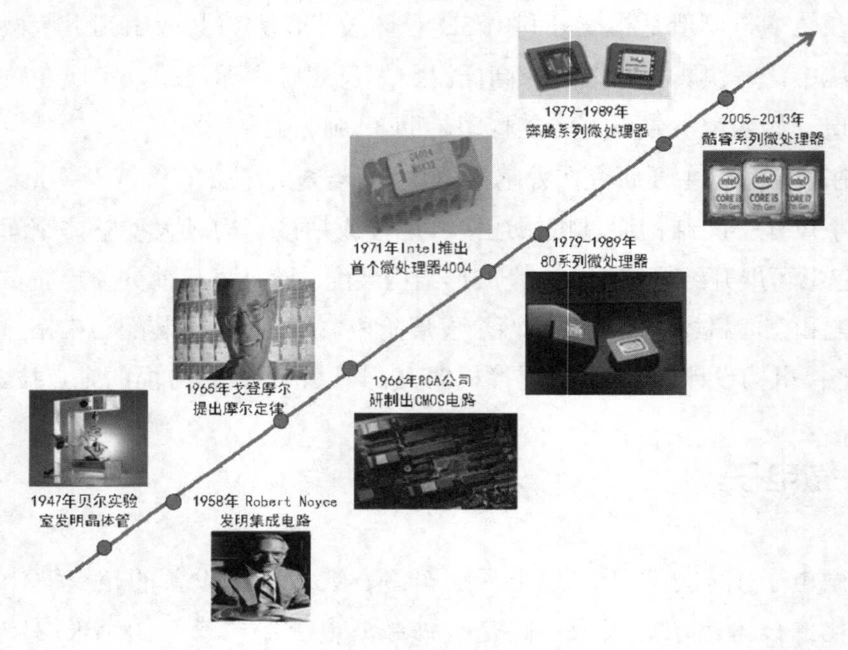

图 2-33　微电子技术发展历程概括示意图

——1947 年，美国贝尔实验室约翰·巴丁、布拉顿、肖克莱 3 人发明了晶体管，标志着微电子时代的来临，为集成电路的诞生打下前提基础；

——1958 年，仙童公司的 Robert Noyce、德仪公司的基尔比分别发明了集成电路，开创了全球微电子学的历史；

——1965 年，摩尔提出摩尔定律，预测晶体管集成度将每 18 个月增加 1 倍；

——1966 年，美国 RCA 公司研制出 CMOS 集成电路，并研制出第一块门阵列(50 门)，为现今大规模集成电路发展奠定了坚实基础，具有里程碑意义；

——1971 年，Intel 公司推出全球第一个微处理器 4004，成为一个

里程碑式的发明；

——1979年至1989年，Intel先后推出8088微处理器、80386微处理器、486微处理器，集成电路发展逐步进入大规模(LSI)、超大规模集成电路(VLSI)阶段；

——1993年至2003年，奔腾、奔腾Pro、奔腾Ⅱ、奔腾Ⅲ、奔腾Ⅳ、奔腾4E系列相继推出，工艺从0.6 μm、0.35 μm、0.25 μm、0.18 μm、90 nm推进，集成度越来越高；

——2005年至2013年，intel酷睿2、酷睿2 E7/E8/E9系列、酷睿i系列等先后上市，工艺从65nm、45 nm、32 nm、22nm持续推进，摩尔定律向“延续摩尔定律”（More MOORE）、“扩展摩尔定律”(Morethan MOOER)方向迈进；

如今，集成电路发展的特征尺寸已经达到了16 nm。此外，三星、台积电等大型公司已经投入到了14 nm甚至10 nm工艺的研制中，Intel认为7 nm芯片还仍符合摩尔定律，SAMSUNG则宣布将研发可实现3.2 nm的FinFET(鳍式场效应晶体管，Fin Field-Effect Transistor)技术。

(二) 作用与趋势

微电子技术是国家电子工业的基础，集成电路作为微电子技术的核心，被喻为信息技术产业的“核心”，是一个国家的“工业粮食”和国防现代化的“电子血液”，在国民经济和国防军事领域具有不可替代的重要地位和作用。

当前以移动互联网、三网融合、物联网、云计算等为代表的信息产业快速发展，对微电子技术和集成电路产业的需求将不断增长，推动集成电路产业的新发展。

而现代战争也是以集成电路为关键技术、以电子战和信息战为特点的高技术战争。集成电路成为武器系统的一个重要组成单元，电子战、智能武器应运而生。雷达的精确定位和导航，战略导弹的减重增程，战术导弹的精确制导，巡航导弹的图形识别与匹配以及各类卫星的有效载荷和寿命的提高等，其核心技术均是微电子技术。

纵观 21 世纪微电子技术的发展，在摩尔定律之后，出现了延续、扩展和跨越摩尔定律。其一，延续摩尔定律：即继续缩小 CMOS 器件的工艺特征尺寸，提高集成度，发展系统集成芯片（SOC）；其二，扩展摩尔定律：即不一味追求缩小特征尺寸，而是通过系统封装（SiP）等方法实现功能多样化；其三，跨越摩尔定律：即超越 CMOS，探索新原理、新结构和新材料，向纳米器件方向发展，如自旋电子、单电子、量子、分子器件等。

具体讲，需要在以下既相互联系又相互区别的几个方面寻求技术突破：一是缩小特征尺寸可以提高集成度，从而不断提高产品的性价比，这也是微电子技术发展的动力；二是随着器件特征尺寸的不断缩小，来自漏电流、隧穿效应以及寄生效应等问题的挑战，意味着一味追求减小特征尺寸来提高芯片集成度的发展模式，将面临巨大技术挑战和成本压力，而将成熟的多芯片采用 SiP 技术实现小型化系统的技术途径在提高系统性能和减小体积的同时，可以有效控制研制和生产成本，是当前重要的技术领域；三是除了缩小尺寸，寻找新材料、新器件结构、新的器件工作原理，也是微电子技术发展的必然趋势。微电子技术未来总的趋势是向着超高容量、超小型、超高速、超高频、超低功耗方向发展。

(三) 新技术发展

在“后摩尔时代”，微电子新技术主要围绕新器件结构、新材料、系统集成等方向取得持续进展，并将与光电子、有机电子、生物传感、微纳电子等融合渗透，辐射到广泛的应用领域，形成新的技术。下面就

主要的器件结构、材料、集成应用作简要概括。

1. 针对 Si 基集成电路的新型器件结构

传统 CMOS 技术(Complementary Metal Oxide Semiconductor，互补金属氧化物半导体技术)自 20 世纪 70 年代起主导集成电路技术的发展，现在随着工艺技术进步，面临缩比极限挑战，传统的 CMOS“尺寸缩小”技术路线在 90 nm 节点以后，已难克服短沟效应带来的功耗和性能之间的矛盾，取而代之的是所谓的“扩展 CMOS 技术”，包括应力增强技术、高 K 介质技术和金属栅技术等。新器件技术开始进入到生产研发阶段，以 2011 年 Intel 推出了 22 nm 上节点采用 FinFET 技术为标志，“新器件时代”已经来临。图 2-34 为 FinFET、超薄体 SOI、纳米线器件示意图。

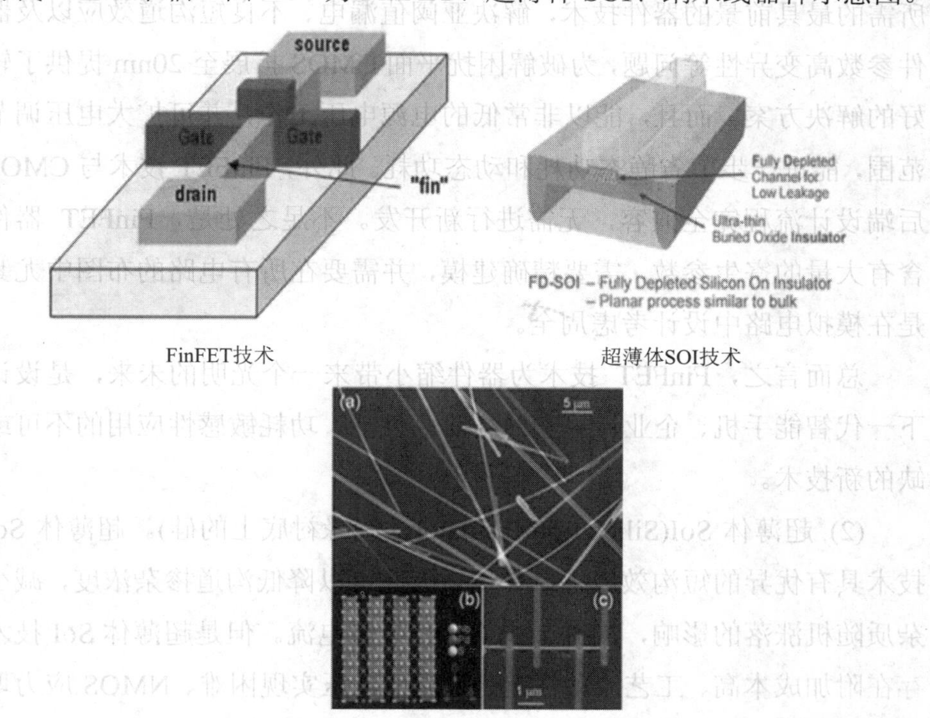

图 2-34　FinFET、超薄体 SOI、纳米线器件示意图

(1) FinFET 器件。FinFET 器件技术出现于 20 世纪 90 年代末，最开始在 SOI 衬底上实现双栅结构，由于具有良好的短沟效应控制能力，迅速引起了工业界的注意和兴趣。FinFET 短沟效应的关键参数包括栅长、Fin 宽和 Fin 高，具有三维的栅控结构，因此在短沟效应控制方面表现出更强的能力。

目前全球各大著名公司如 IBM、Intel、Global Foundries、三星等重点投入了对于 FinFET 技术的研究，Intel 的 22nm 制程节点即采用 FinFET 的研发。

FinFET 器件技术从各方面来看，都是将摩尔定律扩展至 5nm 工艺所需的最具前景的器件技术，解决亚阈值漏电、不良短沟道效应以及器件参数高变异性等问题，为破解困扰平面 CMOS 扩展至 20nm 提供了较好的解决方案。而且，能以非常低的电源电压工作，并可扩大电压调节范围，能进一步节省静态功耗和动态功耗。此外，FinFET 技术与 CMOS 后端设计流程完全兼容，无需进行新开发。不足之处是，FinFET 器件含有大量的寄生参数，需要精确建模，并需要在所有电路的布图中尤其是在模拟电路中设计考虑周全。

总而言之，FinFET 技术为器件缩小带来一个光明的未来，是设计下一代智能手机、企业计算和网络等高性能、功耗敏感性应用的不可或缺的新技术。

(2) 超薄体 SoI(Silicon-on-Insulator，绝缘衬底上的硅)。超薄体 SoI 技术具有优异的短沟效应抑制作用，因此可以降低沟道掺杂浓度，减少杂质随机涨落的影响，同时减少 GIDL 泄漏电流。但是超薄体 SoI 技术存在附加成本高、工艺波动性差、多阈值电压实现困难、NMOS 应力增强手段缺乏、寄生电阻随硅膜减薄增加、热耗散能力差等问题，制约了其在大规模量产方面的应用。

(3) 准SoI。准SoI器件可从结构上等效实现超薄体SOI器件的优势，具有很好的短沟抑制能力。此外，由于该器件沟道与衬底直接相连，可以很好地解决常规超薄体SoI器件存在的埋氧二维电场效应、散热性能差及超薄硅膜表面粗糙度带来的迁移率下降等问题。

该器件采用下陷源漏结构，可进一步降低寄生电容和电阻，改善速度，还能采用传统体硅CMOS器件的离子注入阈值调整技术，有更大的设计灵活度，并可在“L”型隔离结构的制备过程中自然引入应力源漏，获得更好的迁移率增强效果。因此，该器件可很好结合超薄体SOI和体硅器件优势，克服两者不足，大大降低功耗、增强性能。

(4) 围栅/多栅纳米线器件。一方面，该器件采用围栅纳米线器件，沟道被栅电极完全包围，易于形成体反型，载流子在垂直栅氧界面方向上的散射大大降低，形成准一维弹道输运，有助于提高驱动能力。另一方面，源漏扩展区的有限掺杂浓度在零栅压条件下自然形成耗尽区，电学沟长等效增加，减少了短沟道引起的阈值降低。围栅纳米线器件走向大规模集成应用的一个关键问题在于工艺集成的兼容性，即如何形成释放的硅纳米线结构成为最关键的工艺。

2. 第三代半导体材料及器件

以硅(Si)和砷化镓(GaAs)为代表的传统半导体材料推动了微电子、光电子技术的迅猛发展。然而受材料性能所限，这些材料制成的器件大都只能在200℃以下热环境中工作，且抗辐射、耐高击穿电压性能、发射可见光波长范围都不能满足电子装备对高温、高频、高压及抗辐射、能发射蓝光等的新要求。而以碳化硅(SiC)、氮化镓(GaN)和金刚石为代表的宽禁带半导体材料，具有禁带宽度大、击穿电压高、热导率大、电子饱和漂移速度高、介电常数小、抗辐射能力强良好的独特性能，被称为第三代半导体材料，在光电器件、高频大功率、高温电子器件等方面备受青睐。

美国、日本、俄罗斯及西欧国家都极其重视宽禁带半导体的研究，目前主要研究目标是 SiC 和 GaN 技术，其中 SiC 技术最为成熟，研究进展也较快；GaN 技术应用面较广泛，尤其在光电器件应用方面研究较为透彻；而金刚石技术研究较少，但从其材料优越性看，颇具发展潜力。

(1) 碳化硅(SiC)。SiC 在 1842 年就被发现，1955 年才出现高品质生长方法，1987 年开始实现商业化，进入 21 世纪后，SiC 的商业应用全面铺开。相比 Si，SiC 的优点在于：有 10 倍的电场强度，高 3 倍的热导率，宽 3 倍禁带宽度，高 1 倍的饱和漂移速度。因为这些特点，用 SiC 制作的器件可用于极端环境条件下，如军用相控阵雷达、通信广播系统、全彩色大面积显示屏等。如今 SiC 材料正大举进入功率半导体领域，一些知名半导体器件厂商，如 ROHM、英飞凌、Cree、飞兆(见图 2-35 所示)都在开发自己的 SiC 功率器件。

图 2-35 全球知名半导体厂商

(2) 氮化镓(GaN)。20 世纪 90 年代前，因缺乏合适的单晶衬底材料且位错密度较大，GaN 发展缓慢，但之后迅速发展，年均增长率达 30%，已成为大功率 LED 的关键性材料，并开始进军功率器件市场。

比较而言，GaN 起步较 SiC 早，但是 SiC 发展势头更快，如今的工业、新能源领域已成为两者的战场。

美国政府近些年来，十分重视第三代半导体材料技术的发展，重点在电子扫描阵列雷达、半导体照明、电子器件、光探测器等方面加强研

发，研发涉及军事、工业、航空航天、石油勘探、汽车电子、轨道交通、环境监测、医学临床等非常广阔的应用领域。

3．功能多样性的 MEMS 技术

MEMS 技术（Micro-Electro-Mechanical System，微机电系统），是指可批量制作的，集微型机构、微型传感器、微型执行器以及信号处理和控制电路、接口、通信和电源等于一体的微型器件或系统，它是一个独立的智能系统，其系统尺寸在几毫米乃至更小，其内部结构一般在微米甚至纳米量级。MEMS 具有微型化、智能化、多功能、高集成度和适于大批量生产的特点，其目标是通过系统的微型化、集成化来探索具有新原理、新功能的元件和系统。

MEMS 技术是一种典型的多学科交叉研究领域，涉及电子、机械、物理、化学、生物医学、材料、能源等领域，研究内容主要有三个方面：其一是理论基础，即在 MEMS 所能达到的尺度下，研究由于尺寸缩小带来的微动力、微流体力学、微热力学、微摩擦学、微光学和微结构学的影响，需要多学科融合研究；其二是技术基础研究，主要包括微机械设计、微机械材料、微细加工、微装配与封装、集成技术、微测量等；其三是应用研究，包括微机械在各学科领域的应用等。MEMS 的应用十分广泛，包括微纳传感器、微执行器、微机器人、微飞行器、微动力能源系统、微型生物芯片，其发展趋势有三个方面：其一是功能多元集成化，集成化、智能化、多功能化将是研发的重点之一，将不同功能的多个传感器或微执行器集成一体，形成具有特定高级功能的微系统，满足有高精度、高可靠性、独特性需求，在网络通信、医疗环保、航天航空、国家安全等领域的应用前景广阔；其二是生化传感纳米化，主要包括基因检测芯片、药物筛选芯片、蛋白质芯片、病毒检测芯片、纳米声波生物传感器等，可广泛用于人体血液成分及病原体快速检测、环境污染气体及金属离子的检测、食品饮料中病原体及农药残留成分检测及战场生

化武器的快速检测等；其三是制作材料多样化，除硅、多晶硅、砷化镓等以外，其他材料也应用到 MEMS 中，如纳米金、混合陶瓷、高分子聚合物、耐高温材料、巨磁电阻材料、碳纳米管复合材料等，以适应特殊的应用需要。北美洲和欧洲处在 MEMS 技术和工业的前沿，已形成了一条完整的产业链，其中包括微机电系统设计公司，微机电系统设备供应商，设计代工厂和提供设计和模拟的 CAD 工具厂商。国内积极开展 MEMS 技术研发，在干法刻蚀和芯片封装方面有突破，在微流体器件、微能源、微型汽轮机、微型马达等方面都取得了一定进展，微结构器件主要应用于通讯、电子和汽车制造业，但与经济发达国家相比还有一定差距。图 2-36 为若干微纳器件示意图。

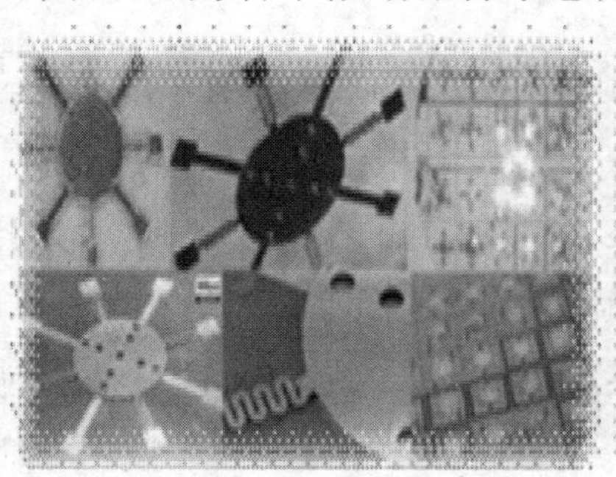

微纳传感器芯片

微执行器

微飞行器

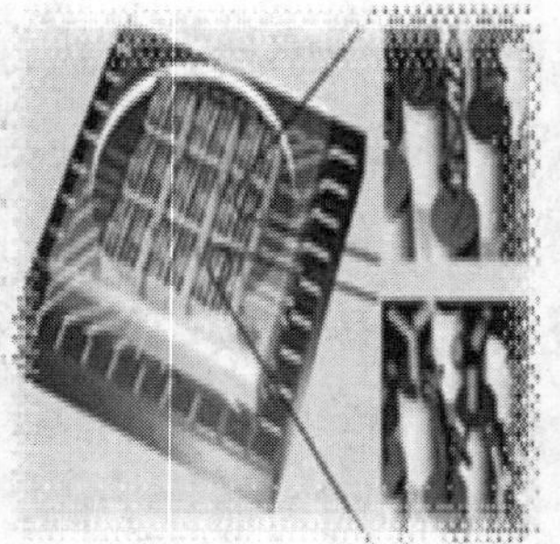

微型生物芯片

图 2-36　若干微纳器件示意图

(四) 产业发展

当前全球集成电路产业的发展，在经历了 2012 年前后的低迷和萎缩之后，在 2014 年逐步结束了曾经高增长以及周期性的波动态势，走上平稳发展之路，产业机构调整开始，IC 制造业与晶圆代工业发展迅速，IC 制造业、IC 设计业、封装和测试业成为产业链的主要构成部分，集成电路芯片市场增速显著，市场占有量占全球半导体市场的 80%左右，包含着模拟芯片、处理器芯片、逻辑芯片和存储芯片。全球主要半导体企业 Intel、高通、三星、博通、台积电等加大高额的技术研发投入，对集成电路产业高技术、资金密集型、人才密集型的创新发展起到了很好的推动作用，工艺水平大大提升，到 2014 年，14/16 nm FinFET 工艺进入量产，而 14 nm 工艺被认为是工艺制造上的转折点，再往后发展将面临成本、材料、功耗等方面的问题。此外，3D NAND 存储、无线充电技术也得到不断发展，企业之间的整合重组加快，技术更新加速，落后产能如晶圆制造中 8 英寸以下的产能逐步退出市场。图 2-37 为“十二五”期间全球半导体市场规模发展情况。

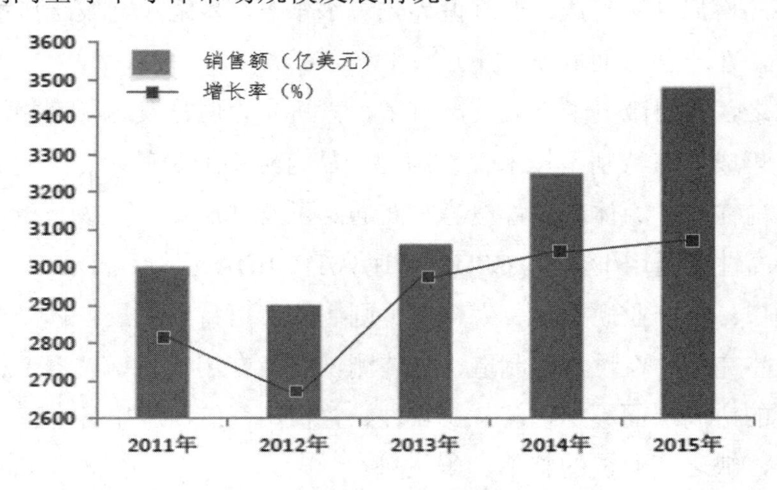

图 2-37　“十二五”期间全球半导体市场规模发展情况

我国微电子产业自 1965 年起步，之后缓慢发展，当前与世界发达国家相比至少有两代的差距，集成电路进口多年来位居第一，超过了石油进口，已经成为整个电子信息产业整体发展的瓶颈。

我国集成电路产业的历程，大致经历了三个阶段：

——1965—1978 年为起步期，以计算机和军工配套为目标，以开发逻辑电路为主要产品，初步建立集成电路工业基础及相关设备、仪器、材料的配套条件，而企业规模小、技术相对落后；

——1978—1990 年为引进期，主要引进二手设备，建立工厂和科研院所，合资办厂，但在政策上没有相应措施，大量投入未能带来相应成果，与世界一流水平差距拉大；

——1990—2000 年为攻关期，大量引进先进技术，成立了众多合资及独资企业，以 CAD 为突破，抓好科技攻关和研发基地建设，为信息产业服务，取得了一定发展；

——2000 年后，以雄厚的经济发展为后盾，我国大幅提高了集成电路方面的投入，进入追赶期。IC 设计、制造、封装测试等相关产业链并行发展的格局基本形成，追赶世界先进水平，逐步缩小与发达国家之间的差距，在一些方面取得自主进展和突破。

总之，我国微电子产业发展有了很大进步，但与发达国家相比还很落后，集成电路特别是技术含量高的产品自给率低，基本依靠进口。

目前在人才、体制、管理等发面遇到了发展瓶颈，如核心技术受制于人，高性能通用/嵌入式 CPU、高速 A/D、EDA 软件、核心 IP 等基本依赖进口；而产业规模小、大企业少则制约着可持续发展；体制机制有待进一步完善；在设计、制造、封装测试以及专用设备、仪器、材料等产业链的协同层面不足，芯片、软件、整机、系统、应用各环节互动不够紧密，缺乏产业链的整体竞争优势。

近年来，国家在微电子产业发展上投入了很大关注度，“十二五”

期间我国集成电路产业市场稳步增长，奠定了今后发展的良好基础。2014 年，我国推出《国家集成电路产业发展推进纲要》，成立了发展领导小组、建立了国家集成电路产业投资基金，从顶层设计、政策体系、市场发展、投资引导等方面，引发社会资本的投资热潮，推进我国国内市场规模不断增大，促进全球半导体市场稳步发展，进一步完善产业链各主要环节，持续提升相关技术，逐步缩小与世界一流水平之间的差距，为集成电路产业的整体发展创造了新的机遇和空间。

近年来，集成电路制造技术在 IC 设计、制造、封测、材料等方面取得了一定进展，如软硬件协同设计、超大规模、超高性能、超低功耗、IP 核复用技术、可靠性等方面，其中自主设计的芯片已经逐步应用到计算机、移动终端、网络通信、消费电子、工业控制等领域。华为海思、展讯、锐迪科等企业逐步发展，制造工艺向着 20 nm 节点迈进，中芯国际 2015 年实现了 28 nm 工艺量产，计划 2020 年实现 16/14 nm 工艺量产，提供高性能应用处理器、移动基带等代工，大尺寸晶圆、纳米级加工技术也取得突破，3D 封装不断发展，市场逐渐多元化，先进生产线关键设备、前端、后端材料上也取得一定发展，如光刻胶研发取得一定成果等，进一步推动着产业的结构优化调整，促使我国微电子产业的发展不断迈上新台阶。图 2-38 为我国集成电路制造主要厂商。

图 2-38　我国集成电路制造主要厂商

(五) 关键制造技术

我国微电子制造当前面临国外战略性遏制、产业性双重打压，还有制造工艺极限的挑战和构建完整产业链的压力，制造的关键工艺如氧化、光刻、刻蚀、扩散、蒸发、封装等技术仍面临许多问题，要实现自主制造需在关键核心技术、新材料和工艺、新器件结构、新设计等方面突破难关，从技术与产业结合的角度出发，破解“中国芯”制造的重大难题。

1. 关键核心技术

芯片制造呈现两极化趋势，一方面是由于系统指标不断提高导致的系统规模和复杂性的极大化，另一方面是由于集成度不断提高带来的器件尺寸极小化。如 28 nm 的产品，其栅长为 32 nm、精度小于 1 nm、栅厚 3.3 nm、接触孔为 35 nm，精度逼近物理极限；从制造层面看，工程规模包括 300 万亿晶体管、3000 万亿通孔、3 万多公里的沟槽，包括了 60 多种材料和 1000 多步工艺。又如，193 纳米波长光源形成 65-14 纳米特征长度的图形，硅片上要做出纳米精度的数亿个晶体管、几千亿个孔、数万公里沟槽等。这两者构成的极限组合给制造带来了极大挑战，要突破挑战，必须攻克精密图形转换技术（光刻&刻蚀）以及新材料、新结构等核心技术。

2. 新材料和新工艺

自 21 世纪以来，47 种新材料进入集成电路制造领域，目前共计有 64 种材料在 CMOS 中得到应用，在新材料的支撑下，能提升 70%的器件性能。如 SiGe 合金、III-V 材料等，可替代硅材料。又如碳纳米管、自旋晶体管等，对未来材料和工艺的发展将带来巨大变化。

SiGe 合金、III-V 材料能让电子比在硅材料中更好地移动。如 III-V

材料，加入了电性优异的合金材料如铟、镓和砷等，在元素周期表中统称为 III-V 材料。这两者是比硅更好的导体，具有更低功率、更快的打开和关闭速度，能有效提高芯片速度。

碳纳米管替代硅作为原料，让存储器和处理器采用三维方式堆叠在一起，降低了数据传输时间，大幅提高了计算机芯片的处理速度，使运行速度有可能达到目前芯片的 1000 倍。但挑战是难以控制的生长方式、少量金属性碳纳米管会损害整个芯片性能、量产困难等。

自旋晶体管电压非常微小，在为 10～20 mV 之间，相比常规的晶体管要少数百倍，可解决热量问题。其挑战主要在于：在电子噪音中区分 1 和 0；将自旋电流从铁磁电极 S 高效率地注入半导体，实现自旋过滤；自旋电流极化的长时间维持等。

此外，在等离子体、薄膜制备、光刻等工艺上要加强前瞻研究，突破制造工艺关键技术。

3. 新器件机构

在传统的体硅平面器件上，已经很难再实现重大突破，即要在低电压、低功耗下获得高电流、少泄露，设法获得更大的驱动能力和更小的晶体管延时，从而提高性能，这对工艺集成技术带来极大挑战。芯片制造商正寻找继续缩小晶体管尺寸的方法，并力图在给定的面积内封装更多晶体管。而主要技术挑战是随着尺寸减少，晶体管工作所需的功耗未能同步减少，结果导致电池消耗更快，产生更多热量，给电路带来不利影响。

解决器件结构的一些主要技术有 3D 晶体管(FinFET)、隧道场效应晶体管(TFET)等。3D 晶体管(FinFET)前边已有表述。而隧道场效应晶体管受电子的热扩散的影响，陡峭度的 S 因子智能减至约 60 mV/dec，TFET 能获得非常小的 S 因子，工作电压可只有 0.1 V。其挑战在于：无连接纳米线晶体管(JNT)解决小尺度制作；统计涨落影响大，即便一个或两个杂质原子的错误位置，都会激烈地影响晶体管的表现；打开和关闭开关的速度还不够快。

4．新设计

新设计技术如 3D 芯片，将内存层叠在处理逻辑层之间，但存在三大挑战：一是散热，增加叠加层数以后，芯片内部热量产生的速度会超过散热速度；二是连接，高到多达 80%的金属针都被设置为用来传输电力，只剩下非常少的数量用来处理数据输入和输出；三是 2D 材料，例如 MoS2/WSe2/BN/grapheen 等。

5．新型计算框架

未来通过量子原理发展量子计算机，而量子计算还有包括光子的偏振、空腔量子电动力学、离子阱、核磁共振等基础架构方面的问题需要解决。存在的挑战主要有一是只能处理经过优化的特定任务，通过任务不如传统硅处理器；二是在编程方面需要重新学习；三是应尽可能降低 qubit 的能量级，需要利用低温超导状态下的铌来产生 qubit。

第三章 新技术趋势、面临的挑战与发展前景

在几千年的历史发展进程中，人类不仅学会制造和使用劳动工具，而且懂得运用和积累语言、文字、信息、知识和经验，使学习的速度不断加快，这是人类得以持续地成功改造和征服自然的最为重要的法宝。“工具”和“信息”让人类在代代接替、繁衍传承的过程中，增加了更多的能力，推动着生产和生活方式的变革与发展。

从19世纪无线电技术的诞生，到20世纪电子技术的兴起，再到今天我们熟知的信息科技、生物科技、新能源、新材料、新装备等的发展，科学技术一直是推动近现代社会不断向前发展的重要驱动力和创新支撑动力。工具、装备、电子装备、高端装备、高端电子装备、未来的高级智能装备的层递式发展，使工具与信息的融合成为一种历史发展的必然趋势。新一代信息技术和产业正以越来越快的步伐广泛、深入地渗透、融合到能源、化工、交通、航空、航天、海洋工程、农业工程等高端制造的各个重点领域中，显现出愈发重要的地位和作用。

21世纪乃至以后，新一代信息技术的迅猛发展，与当代建立在生产工具基础上的强大的装备制造能力，将成为推动社会进步的重要支撑，在节约能源、节省资源、绿色环保、协调发展上发挥关键性作用。高端电子装备制造作为“工具”和“信息”融合发展的典型代表，存在着新技术不断向前发展的趋势，也面临打破原有格局、颠覆技术和产业发展模式的挑战。

当前，移动互联、大数据、云计算、3D 打印、微纳系统、智能制造蓬勃兴起。面向未来的量子通信、量子计算、量子雷达、纳米芯片、自旋电子技术、石墨烯、下一代网络等将揭开信息与电子科技发展的新篇章。在可以预见的将来，社会将发展成为以信息为主导的社会形态，人们将在信息技术与工具装备的深度融合发展中，获得更加先进、及时、全面的感知方式和手段，显著提高人类获取自然界信息的能力，挑战人类在信息获取中的极限，推动现有的高端电子装备制造向一个更高的发展阶段迈进。

一、新一代信息技术发展浪潮

从人类的发展历史来看，采集狩猎时代持续了大约 20 万年，农耕时代持续了大约 1 万年，近现代到目前仅仅只有 250 年的时间。然而，在如此短暂的近现代历史中，技术的进步和发展却比之前的任何时代都更为迅速。以前需要数千年才能传遍全球的科技知识，如今通过以互联网为代表的新技术载体可在很短的时间内实现全球共享。原本因为地理隔绝而导致的技术创新多样性，正逐渐走向一体化、同步化。

一般认为，以信息技术与能源技术、材料技术、生物技术、智能制造技术等的结合为标志的第三次工业革命的到来，将极大地改变社会的生产和生活方式。很多产业都会发生比过去更深层次的融合和渗透，同时信息技术的边界将越来越模糊，技术创新将比任何时候都更为迅速和重要。人类社会活动正在从现实的陆、海、空、天四个空间，逐步延伸到虚拟的赛博空间。接下来，人们不得不面对后摩尔时代、后 PC 时代、云计算时代和物联网时代，乃至万物互联时代带来的挑战，每一个人或每一个物体都将成为一个信息节点。新技术的发展将迎来更为迅捷、更

为便利、信息感知更加全面、深入的趋势，给原有技术与发展模式带来新的挑战。同时，工业制造业也将在新技术的推动下发生一些颠覆式的变革，甚至影响到社会生产与生活方式的改变。在技术与产业双重因素推动下，新技术爆发出新的生产力，对以智能制造为代表的未来社会整体发展将带来深刻影响，将加快推动人类社会进入智能新时代。

（一）信息技术“四大定律”

一般认为，电子与信息技术的发展是受摩尔定律、贝尔定律、吉尔德定律和梅特卡夫定律等四大定律的支配。实际上，这四个定律是人们对信息技术发展趋势的一种定性描述，信息技术发展的趋势并不能真正按照其指出的时间数值非常精准地展开，其价值主要是揭示了现代信息技术发展中的某些规律性的内涵，可以帮助人们了解信息技术的发展速度和基本规律。

摩尔定律——当价格不变时，集成电路上可容纳的元器件的数目大约每隔 18～24 个月便会增加一倍，性能也将提升一倍。换言之，每一美元所能买到的电脑性能，将每隔 18～24 个月翻一倍以上。摩尔定律如图 3-1 所示。

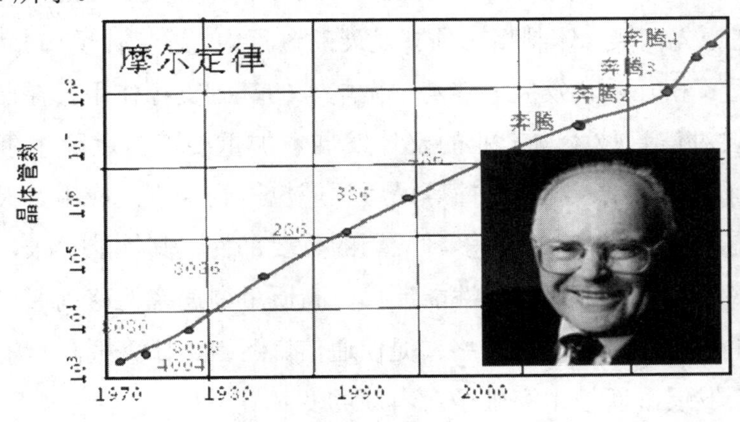

图 3-1　摩尔定律

贝尔定律——当计算能力不变时，微处理器的价格和体积每 18 个月减少一半。

吉尔德定律——该定律关注的是网络通信带宽和计算机处理速度，其内容是带宽的增长比计算能力(CPU)的增长至少要快三倍。

梅特卡夫定律——网络价值与网络节点数的平方成正比。

在上述四大定律中，摩尔定律是一个核心的定律，它在信息技术几十年的发展历程中，一直准确地预测着集成电路的发展水平，已成为微电子领域工艺技术发展的主要驱动力。可见光、极紫外、移相掩膜等光刻技术，铜导体、铝导体，高电介质、低电介质等新材料，平面、立体、环形栅等器件结构，自对准、化学机械研磨等工艺技术，都受到摩尔定律的深刻影响。然而，随着半导体技术的不断发展，小于 10 nm 的工艺逐渐从实验室走向批量生产，但这种线条缩小的历程已接近极限，由传统摩尔定律主导的技术发展趋势也将终止，技术发展将在扩展摩尔定律、延续摩尔定律、超越摩尔定律支撑下向前发展。

(二) 孕育变革的技术突破

高端电子装备制造所包含的通信、网络、计算机、雷达、天线、微电子，在原先门类、体制相对独立发展的过程中，逐步体现出相互支撑、相互渗透、相互融合发展的趋势。微电子的基础支撑作用日益凸显，其关键突破对信息技术与产业的整体发展愈加重要。雷达除军事应用之外，在航管、气象、汽车防撞等民用领域也得到了广泛应用。天线作为通信、雷达、导航、定位等多种应用的重要部件，其性能要求、功能要求越发多元化、精细化。高性能计算、高质量高速率的移动通信、遍布生产和生活各领域的各种网络，促使通信、网络、计算机向紧密融合的方向不断发展，新技术突破孕育着新的变革。

通信和网络技术正处于技术不断取得突破的高潮期。光通信、移动通信、下一代网络以及以虚拟空间通信安全技术为代表的新应用，有望促使信息传输速率进一步提升，并支持低功耗绿色通信，初步实现通信、探测、侦查、干扰、定位等信息设备的一体化设计。

计算机技术方面，当前正面临着体系结构的巨大变迁，传统 CPU 芯片处理速度会不断加快，多核并行运算等技术已经在巨型机上成功实现，未来量子计算机等新体系、新结构的计算机形态必将成为研究开发热点，并有望在不久的将来实现突破。

软件技术方面，当前正处于各类应用软件比例不断增大的发展期，未来将逐渐细分出管理型、知识型等不同的软件类别，而软件服务水平的提升有望使软件转型实现一次质的飞跃。

雷达和天线技术正朝着信息获取更智能、更精确、更稳定的方向发展，对弱小目标信息的处理能力越来越强，受空间、地域、频谱等因素的影响越来越小，新技术有可能使传统的探测体制与模式等发生革命性突破。

微电子技术正处于极限挑战的转型期，系统集成度、微系统技术和第三代半导体材料的广泛应用都为其带来了巨大挑战。

(三) 前沿技术与产业的发展趋势

新技术与信息量密切相关，信息流动必然促使技术更新。当前，电子信息技术发展越来越快有很大一部分原因是信息的制造和流动速度空前加快。据预测，到 2020 年人类社会所生成的数字数据大约有 5×10^{22} 字节，大约是当前数据量的 10 倍。而且，人类社会大约 90%的数字信息都是在近几年时间内产生的。

随着人类科技的不断进步，技术的迭代更新也越来越快。智能制造、3D/4D/5D 打印、材料基因组、读脑机、合成生物学、大数据、云计算、物联网、认知计算、石墨烯、量子信息学、信息综合感知与应用技术等新的信息技术、生物技术、新材料，将很有可能成为未来引发科技革命的颠覆性技术或材料，促进前沿技术创新发展，催生新的产业发展方向。

1．智能制造引领新的发展趋势

智能制造是制造业数字化、网络化、智能化发展的必然趋势，是信息技术与制造技术紧密结合的必然结果，是信息化与工业化深度融合的典型代表，既透射出高新技术交叉融合的突出特点，也反映出当代科学综合化、集成化发展的主流方向。

德国提出的“工业 4.0”战略引起了全世界的广泛关注，该战略是由德国工程院、弗劳恩霍夫协会、西门子公司发起，然后被德国政府纳入《高技术战略 2020》。该战略旨在通过充分利用信息通信技术与网络空间虚拟系统——信息物理系统(Cyber-Physical System)相结合的手段，使实体制造业向智能化转型，侧重于价值链的企业横向集成、网络制造的纵向集成、端对端的工程数字化集成，偏重于在“硬”制造中加入数字化、网络化、智能化的“软”技术。该计划建立在去中心化和智能生产要素的基础上，制造、物流技术融合及物联网、大数据和服务网在工业生产过程中的应用是未来制造业的发展趋势。

美国工业互联网，由通用电气发起并与 AT&T、思科、IBM、英特尔成立工业互联网联盟予以推广。工业互联网使数字世界与机器世界深度融合，包括智能设备、智能系统和智能决策三大要素，实现了通信、控制、计算的集合，偏重于在制造过程中加入信息的“软”资源，注重智能制造的设计、服务环节。而且可通过智能机器间的连接最终实现人、机之间的连接，也可通过与软件、大数据、物联网等应用方式相结合分

析重构全球工业。工业互联网强调工具的智能和互联以及产品、机器、资源和人的有机结合，通过复杂的物理机械、网络传感器以及软件系统的集成，形成全球开放化的制造网络，从而提高生产和经营效率。

美国智能理论和技术全球领先，智能制造的产业基础扎实，如基础元器件的艾默生、霍尼韦尔。传感器有上千家研发商，数控机床有MAG、哈挺、哈斯、格里森，工业机器人如American Robot等，具有发展智能制造的强劲后劲。

我国推出《中国制造2025》，把智能制造作为主攻方向，着力推进信息技术与制造技术的紧密结合。智能制造是两化深度融合、军民深度融合的重要结合点和突破口，加快实施智能制造，将成为《中国制造2025》的主要创新驱动之一。2016年12月，我国《智能制造发展规划(2016-2020年)》正式发布，明确了“十三五”期间智能制造发展的指导思想、目标和重点任务，将以实施智能制造为抓手，着力提升关键技术装备的自主可控能力，增强软件、标准等基础支撑能力，提升集成应用水平，在关键共性技术、工业互联网基础、标准体系等重点环节上实现突破与推进，为建设制造强国奠定扎实基础。

2. 3D/4D/5D打印推进制造变革

新的制造模式将带来前所未有的制造变革。2010年，赫尔发明了第一台商用3D打印机，这给制造业带来了颠覆性的影响。今天，3D打印已经在工业设计、建筑、工程与施工、汽车、航空航天、地理信息系统等多个领域得到了广泛的应用。而在未来，智能材料的应用将使3D打印多一个时间维度，产生形状的变化，这就是4D打印。而再往前走一步，当细胞打印及其在组织支架上生长成为生命体时，将会产生形状和功能的变化，这就是5D打印。简而言之，3D打印只是一个形状，4D打印是打印出来的形状还可以变形，5D打印则是打印出形状之后不但会变形还会变功能。3D/4D/5D 这一系列技术的应用，将有利于重大的科技创新，带动产业发展。技术与产业的双重作用，将加快制造业的新革命。

3. 云计算、大数据和物联网构建赛博空间

数字世界、虚拟空间的实际作用得到了越来越多的重视和应用。未来 10 年内，物联网的年均复合增长率将达到 30%，各式各样的物品，小到药瓶、家电，大到工厂的生产设备，都会置入晶片并连上网络，“万物互联”在未来将不是遥不可及的事情。从技术和商业角度看，服务器、储存设备、软件以及网络厂商将进行更大规模的整合，网络上越来越多的计算和存储，将在“云端”的超大规模数据中心完成，这一数字有可能超过 70%。依托于云计算，大数据分析技术也将得到飞速发展，数据安全问题也会显得愈加重要。与此相对应，智能数据传送的安全威胁也会相应增加，数据安全问题将会一直存在下去并日益成为突出的问题之一。

4. 认知计算推动更高层次信息技术发展

信息与电子技术的高级发展将向着仿生、与生物科技深度融合的方向迈进。认知计算就是其中代表之一，这个概念的核心是类脑计算，也就是去探索、学习、模拟人脑的工作方式。认知计算是实现人工智能的一条重要途径，其终极目标就是完全的类脑计算。现今付诸实践的机器学习方法，离类脑计算尚有相当远的一段距离，最多达到仿生层面。从技术层面上说，认知计算的优势在于它能够“理解”非结构化数据，包括语言、图像、视频等，而非结构化数据对应的就是当今计算机所能够识别的结构化数据。可以看出，认知计算有望成为未来真正的数据时代所需要的技术。

以上简单列出了一些与高端电子装备制造紧密相关的前沿技术与

产业发展趋势，但还不能概括所有与此相关的范围与领域，仅从管中窥豹的角度出发，了解一些最新进展和动向，为高端电子装备制造的发展提供借鉴和思考。

(四) 工具与信息紧密结合的发展趋势

人类使用工具改造自然，延伸了手足，推动了社会生产力的发展，衍生出了装备、高端装备等新一代的大型工具集群；人类获取信息感知世界，延伸了大脑，汇聚了生产关系的多种要素，通过信息与电子技术采集、存储、传输、处理信息数据，使现代先进制造融合进硬件、软件的综合信息。工具、装备与信息、数据的深入融合将成为未来智能制造的强大基础支撑。

从 19 世纪无线电技术的诞生，到 20 世纪电子技术的兴起，工具、装备向着高端装备、电子装备、未来高级智能装备方向的层递式发展，使工具与信息的紧密结合成为一种历史发展的必然，工具、装备本身的智能化因素将随着信息与电子技术的发展而不断更新。新一代信息技术和产业正以越来越快的步伐广泛、深入地渗透、融合到能源、化工、交通、航空、航天、海洋工程、农业工程等高端制造的各个重点行业和领域中，显现出愈发重要的地位和作用。

当前智能制造的兴起，恰恰说明了信息技术与制造技术深度融合的发展趋势。智能制造涉及系统、装备、技术、设计、生产、管理、服务等方面，不仅包含硬件与软件的综合化、一体化，更是制造工具的功能性与信息数据的数字化、网络化紧密结合的聚集体，是智能化融为整体系统的高度集成，使工业制造的发展阶段从机械化、电气化、数字化向网络化、智能化方向发展，恰如工业 1.0、2.0 向 3.0、4.0 的不同阶段发展。

高端电子装备制造是智能制造的重要支撑。新技术必将在信息与电子技术发展的基础上，对传统工业制造业的转型升级与提升突破，其承载的工具功能与信息数据的数字化、网络化、智能化功能将得到不断增强和拓展。

二、中外抢占技术发展制高点对比

科技创新始终是带动和推进制造业不断发展的源泉和动力，技术的突破往往带来产业的重大变革。正如蒸汽机技术、内燃机技术、电动机技术、计算机技术等带来工业革命的变革一样。历史的实践发展证明，抢占技术制高点，往往是世界制造强国把握机遇、应对挑战的有效路径。

(一) 美国DARPA技术创新的启示

美国历史上著名的“曼哈顿工程”、“阿波罗计划”，通过军事工程和航天探索等创新技术的突破、重大工程的实施，带动着科技创新在国防军事、工业制造、经济发展等领域充分发挥其重要作用，带来了巨大的效益，也是抢占技术制高点的典型范例。

作为美国国防部重大科技攻关项目的组织、协调、管理机构和军用高技术预研工作的技术管理部门，美国国防部先进研究项目局(DARPA)主要负责高新技术的研究、开发和应用，不但投资研发了互联网、GPS系统等人们耳熟能详的技术与发明，而且还成功地推出了精确制导弹药、隐形技术、无人机、红外夜视技术、可穿戴设备和人工智能等先进技术，引领着美国乃至世界军民高技术研发的潮流。

在技术创新角度上，DARPA 关注的前沿热点及创新机制值得我国学习借鉴。DARPA 关注的主要研究领域如图 3-2 所示。

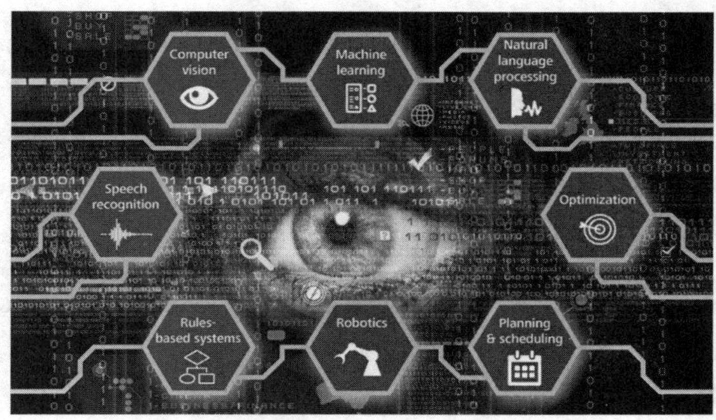

图 3-2 DARPA 关注的主要研究领域

为确保美军的全球战略优势，DARPA 始终将目光聚集在最先进的技术研发上。当前，DARPA 关注的最新技术前沿方向包括以下四个方面：

1. 先进的复杂军事系统

DARPA 自始至终是优先发展军事应用技术领域。针对现代武器系统的复杂程度逐渐提升的问题，DARPA 正在努力提升其能力以便能应对下列挑战：研究先进的算法，确保绝对的制电磁频谱权，以便能够实时地识别和对抗意外出现的敌军雷达等，且确保能够共享频谱资源；改进无 GPS 条件下的定位、导航与授时技术，减少作战单位对卫星的依赖，克服潜在的漏洞；探索模块化、分布式和一体化的任务系统，保持对抗环境下的空中优势；开发空前的高速音速技术，精确投送弹头，防止旗鼓相当的对手实施战略突袭；探索在短时间内在任意地点以低成本迅速将卫星发射入轨的方式，持续保持强大的太空探索能力，以及确保海上行动的敏捷性等。

2. 强大的信息处理能力

面对越来越多的信息，DARPA 注重从这个宝藏中寻找因果、建立联系，推导出有意义的信息。例如从大数据中寻找有价值的信息，加深对数据的识别、处理和理解。此外，DARPA 还在努力实现信息的可靠性，保护数据的完整性，避免代码、文本、图像和其他形式的数据被人篡改。在信息领域，目前 DARPA 正在开发的技术包括以下五个方面：一是可提供赛博作战空间综合感知和理解的技术；二是可查明隐藏的因果关系的自动化计算技术；三是可对社交媒体上的思想和概念传播情况进行探测、分类、测量和跟踪的软件技术；四是更加有效且用户友好的用户识别和鉴权技术；五是能够识别和回应赛博空间的自动化防御技术等。

3. 开展基于生物的研究项目

2014 年，DARPA 成立了生物技术办公室，积极推动基于生物的创新性项目研究，旨在消除生命科学、工程和计算学科之间长期存在的鸿沟，催生一个新的跨学科研究领域。当前，DARPA 正在努力开展的基于生物学的研究项目包括以下两个方面：一是开发和利用生物学的合成技术，研究其生物学功能，创造具有全新属性的材料；二是致力于新的神经技术和能够对人体性能进行优化的新方法的研究，包括可为截肢者提供更强灵巧性、甚至有触觉的仿生手和神经系统等。

4. 注重对基础理论的创新

新技术的革命往往建立在新的理论基础上，DARPA 十分注重跨越看似不可逾越的物理和工程之间的鸿沟。在这方面，为进行赛博防御、有效进行大数据分析、对复杂现象进行预测建模，DARPA 应用新的数学方法独立开发新的数学工具，以便在不牺牲精确度的情况下能对极其复杂的系统进行建模。此外，DARPA 还将注意力集中在发现新的化学过程和材料中，推动量子物理从实验室走向实际应用，提升对导航与授时、通信和信息处理、电磁频谱控制等的处理能力。

（二）世界各国在前沿技术领域的竞争

在信息感知领域，以美国为主的国家开展了多项研究计划，包括：林肯实验室开展的“知识辅助传感器信号处理及专家推理”项目，旨在检验知识辅助型数据库及专家系统对空时自适应处理性能的改善，以“时间换能量”的MIMO雷达技术试验、“多功能综合射频”项目，以及高距离目标分辨识别技术等。

在计算机和网络通信领域，前沿技术集中在对量子技术的研究上。量子信息技术是量子物理与信息技术相结合发展起来的新学科，主要包括量子通信和量子计算两个领域。量子通信主要研究量子密码、量子隐形传态、远距离量子通信的技术等。而量子计算是一种依照量子力学进行的新型计算。由于量子的重叠与牵连原理会产生巨大计算能力，所以其计算能力可呈指数级提高。量子计算主要研究量子计算机和适合于量子计算机的量子算法，其基础和原理为计算速度超越图灵机模型提供了可能。

近期，英国苏塞克斯大学的研究者成功地构建出一种特殊类型的“薛定谔的猫”，有望使得量子计算机的研制实现突破。澳大利亚和新西兰的科学家合作研究出了量子硬盘原型，可以将信息存储时间延长100多倍，达到创纪录的6个小时。普渡大学的研究人员则开发出了一种利用“双曲超材料”增强单光子发射的方法，有望为未来的超级计算机、加密技术和通信技术的发展带来巨大帮助。德国马普量子光学研究所(MPI)的专家团队，首次成功在晶体中精确定位单个稀土离子，并准确测量了其量子力学的能量状态，再次将量子计算机的研制向前推动了一步。

赛博空间安全领域，各类新技术层出不穷，下一代互联网、智慧城市、物联网、云计算、大数据等新业态不断演进。美国国土安全部实施了用于分析网络态势的“爱因斯坦-3”系统，开展了“雾计算”项目，重点关注浏览网页的可疑人员。当前正在研发的“怪兽大脑”的网络战武器，旨在识别、追踪和阻止潜在的计算机攻击源。以色列方面，古里安大学的科研团队发现了从“空气间隙”网络中提取信息的新方法。英国则开展了针对网络空间安全概念验证类型的研究，概念验证的研究内容是能对赛博攻击者进行自动响应的工具和技术。

此外，在其他前沿领域，IBM 研发了模拟人脑神经元结构的计算机，英国开发出了世界上功率最大的太赫兹激光器芯片，爱尔兰诞生了世界首个石墨烯橡胶传感器，韩国研究团队研发了 3D 打印机用的“生物墨水”等。

(三) 我国信息技术发展热点

随着世界工程科技在能源体系、环境保护、电子信息、生物技术、材料技术、水资源和矿产、医学、空间、海洋等领域上的不断拓展，信息技术的泛在影响愈加宽广，渗透到的行业领域和生产、生活范围愈加广阔，与多学科的交叉融合也更加紧密。大数据、智能制造、移动互联、云计算、物联网的应用成为热点，泛在、融合、智能、绿色、高可信、高可靠、安全性成为新趋势，新理论、新结构、新材料将进一步推进元器件制造走向新的变革，新一代网络技术的发展将为多元化的通信方式带来翻天覆地的变化，信息生物、纳米科技、类脑计算、能源互联网等新的交叉点、新概念、新模式将层出不穷、更新迭代。

“十三五”期间，我国电子信息行业将重点放在集成电路、传感器等具有全局影响力和带动性强的核心环节；将瞄准产业制高点，选择新型计算、人工智能、生物智能传感器等前沿关键技术联合攻关，抢占产业发展主导权；将突破高端存储设备、智能传感、虚拟现实、新型显示

等新技术，强化基础软硬件协调发展。根据规划，电子信息行业发展包括五大重点，重中之重就是突破核心的关键技术。图 3-3 为信息技术发展热点。

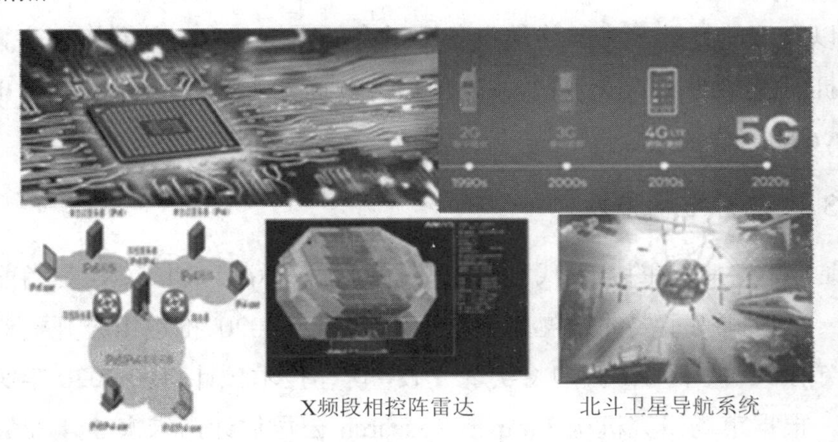

X频段相控阵雷达　　北斗卫星导航系统

图 3-3　信息技术发展热点

1. 高端通用芯片

芯片设计、制造技术是微电子行业的核心技术，不同类型的芯片会被应用到不同的电器产品中。高端通用芯片、核心电子器件和基础软件产品被简称为“核高基项目”。这一项目与载人航天、探月工程等 16 个项目都是 2006 年国务院发布的 16 个重大科技专项的内容。“核高基”重大专项将持续至 2020 年，中央财政为此安排预算 328 亿元，加上地方财政以及其他配套资金，预计总投入将超过 1000 亿元。当前，高端通用芯片产品基本被 Intel 等少数跨国 IT 巨头垄断，高端通用芯片的设计和制造技术一直是我国微电子行业的薄弱点。

2. IPv6 技术

IPv6 是互联网的下一代 IP 协议，它与目前广泛使用的 IPv4 相对应。如果说 IPv4 实现的只是人与机器的对话，那么 IPv6 将扩展到任意事物

之间的对话。IPv6 充足的地址资源，不仅可以为人类服务，而且还可以服务于家用电器、传感器、远程照相机、汽车等众多硬件设备。目前，IPv6 已具有一定的产业基础，谷歌、苹果、微软三巨头主导的终端操作系统以及智能终端厂商的终端设备都已全面支持 IPv6。就我国而言，目前已拥有完整的 IPv6 授权体系，电信运营商基本建成可同时支持 IPv4 和 IPv6 的双栈网络。

3．5G 标准化技术

通信技术领域的第五代移动电话行动通信标准，即 5G，是当前和未来一段时间内主要的发展趋势。中国 IMT—2020 推进组公开资料显示，当前 5G 技术与试验即将实现突破，这一技术预计将在 2020 年实现商用。根据市场研究机构 Juniper Research 公司估计，未来 5 年业界将向 5G 技术的研究、试验和开发投入至少 250 亿美元；到 2025 年，全球 5G 服务收入将达到 650 亿美元，占运营商服务总收入的 7%。

4．新体制雷达

雷达技术几乎以每隔 10 年淘汰一代的速度向前发展着。例如，上个世纪 40 年代是微波雷达，50 年代是单脉冲雷达，60 年代是相控阵雷达，70 年代与 80 年代以后提及较多的是机载脉冲多普勒雷达、高距离分辨雷达、合成孔径雷达、微波固体相控阵雷达等。当前，雷达技术正面临着体制方法的革新换代，要求探测系统能力更强、功能更加多样、处理更智能、体积更加轻巧，且与平台和其他系统高度融合。在此背景下，出现了认知雷达，分布式协同探测、目标综合识别、复杂环境抗干扰以及先进水声探测技术等。新体制雷达的相关理论体系、实现方法、性能评估方法不断取得进步，部分关键技术正在突破。

5．北斗导航

北斗卫星导航系统是中国自主发展、独立运行的全球卫星导航系统。与 GPS 相比，北斗具有收发信息功能，可以满足用户的个性化需求。目前，卫星导航产业市场规模已超过 1000 亿美元，并且以 30%的年均增长率快速增长，预计在 2020 年前空中可用卫星将达到 100 颗以上，信号资源极为丰富。北斗导航系统是国家重大信息基础设施，在国计民生、国防建设等重点领域发挥着重要作用，取得了显著的经济效益和社会效益。此外，北斗导航系统具有独立自主的知识产权，卫星关键器件和技术国产化率高，未来有望与 GPS 相抗衡，能够为各类用户提供稳定可靠的导航服务。

三、高端电子装备制造的发展前景分析

1．两化深度融合战略亟需高端电子装备制造的具体支撑

我国正推进的两化深度融合，其实质是实现工业的深度信息化。而信息科技与工业制造相互融合的重要载体之一，就是高端电子装备制造。当今世界，美国、德国、日本等世界发达国家已经完成了工业化进程，在后工业化时期，大力发展信息技术和信息产业，不断使其迈向更高的数字化、网络化、智能化制造方向。

美国工业化道路经历了大约 100 年左右的时间，自 20 世纪 50 年代后，计算机、微电子、软件、网络等信息技术的发展，从美国开始兴盛并逐渐遍及全球，在信息化浪潮席卷世界。美国率先在信息化进程方面独树一帜、领先领跑，信息技术与制造技术的融合如计算机辅助设计(CAD)、计算机集成制造(CIM)等方面取得突破和进展，柔性制造、敏捷制造、电子商务等新事物不断涌现，国家信息高速公路、国家信息基

础设施计划、国家宽带计划、智慧地球、先进制造伙伴计划、第三次工业革命、工业互联网等重大举措和创新观念层出不穷，在工业化与信息化紧密融合的基础上，已向智能化的方向大步迈进，智能制造系统的研发等已在推进当中。

德国工业化在二战前已经达到一个较高的水平：拥有世界一流的机器设备和装备制造业，信息化水平也在不断提升，信息技术与制造技术的融合具备一定的基础，尤其在嵌入式系统、自动化工程领域更处于领军地位。而进入 21 世纪，面对美国重振制造业、亚洲的机械制造奋起直追的挑战，德国提出“工业 4.0”战略，提出自机械化、电气化、自动化之后智能化的新发展方向，大力推动物联网和服务互联网技术在制造业领域的应用，倡导建立信息物理系统(CPS)，推进智能工厂和智能生产，力图打造未来崭新的生产制造模式，对于全球制造业的创新具有典型的示范意义和辐射作用。

日本工业化从 19 世纪 80 年代到二战时，已经取得了显著发展。20 世纪 60 年后，半导体、计算机、机器人、智能制造等技术和产业得到很快的发展和提升。21 世纪初，先后提出了 e-Japan、u-Japan、i-Japan 等国家战略计划，加快推进信息化建设进程，且使得工业化与信息化融合的步伐不断加快。

韩国工业化在 20 世纪 80 年代、90 年代基本完成，仅用了大约 30 多年时间，而其信息化的发展与应用则异军突起，从 e-Korea 到 u-Korea 推进，通过数字化造船技术的典型示范以及消费类电子技术和产业的飞速发展，使得信息化提升工业化，为其他国家做出了很好的借鉴示范。

我国信息科技与产业的发展经历了 30 年历程之后，当前，以智能制造为代表的制造强国战略掀起新一轮信息技术与制造技术结合的制造业革命。工业制造业两化深度融合的主要任务，仍是以信息化大力提

升工业化，重点面向以智能技术和智能制造为代表的新技术与产业，布局新一代信息技术等战略性新兴产业，重点发展高端电子装备，在补齐2.0、普及3.0、追赶4.0的并行发展中，通过信息与电子技术的引领与应用，加快传统产业的转型升级、战略性新兴产业向世界一流制造强国的目标迈进的步伐。

以《中国制造2025》确立的十大重点领域突破发展为例，新一代信息技术重点在集成电路及专用设备、信息通信设备、操作系统与工业软件、智能制造核心信息设备制造上；高档数控机床涉及智能数控系统、先进成形装备、成组智能生产线、智能软件等的研发，机器人的控制系统与关键零部件如减速器、控制器、传感器等；航空方面的网络化设计、制造、服务平台以及航电系统、飞控系统、机电系统等，航天领域的天地一体化网络系统、卫星应用平台、深空探测通信、自主导航与控制等；高技术船舶制造的空间立体观测系统、智能化设计制造装备；先进轨道交通的列车通信信号装备、网络控制系统等；汽车制造的智能工厂/车间、汽车电子与控制系统、智能网联汽车等；电力装备的智能电网设备；农业装备中的数字化设计制造、传感与控制系统等。

总之，工业制造数字化、网络化、智能化的发展趋势，使得高端电子装备的制造成为影响和制约各重点行业跨越发展的关键，在重点行业领域中，智能制造的重要支撑基础仍离不开高端电子装备的核心支撑。而高端电子装备的自身发展，也需要在两化深度融合、军民深度融合的有利契机下，实现技术和产业发展上的双重突破。

2. 军民深度融合战略亟需建立两用机制的共享平台

军民融合发展是高新技术、高端装备制造从技术到产业、从装备到市场有机结合、成果共享的有效路径。以美国为例，军事通信、GPS、互联网的应用首先是在军事装备制造上实现，再将先进的技术推广到市场，这样不仅获得了极大的经济效益和社会效益，也使技术的普及与完善得到提升，市场的发展进一步推进了对新技术的研发突破，强化巩固了装备、产品的制造基础，新技术的不断成熟、市场产业链系统的不断发展，对于反哺军事装备制造、共享研发与制造成果也产生了不可替代的作用。

我国军民融合的发展，经历了建国初军民两用，改革开放后军民结合，20 世纪 90 年代至今军民结合、寓军于民以及军民深度融合、军转民、民参军的发展历程。现阶段军民深度融合的主要任务是，一方面，积极转化军事装备领域的高新技术，推进军民深度融合发展，建立开放、协同的创新体系和共享机制，如北斗卫星导航系统的应用，加快战略性新兴产业、高新技术行业的产学研用紧密结合发展；另一发面，发挥民用装备生产企业、行业在生产制造方面的特色，以及在市场、产业链方面的优势，完善技术、降低成本、加强绿色制造，推动民品制造多方面优势对军品制造的广泛、全面的互补和支撑。

从军民深度融合战略发展的双方需求看，需要在政策保障、机制协同、共享平台、市场推广等方面着力推进，需要克服行业壁垒、制造标准、兼容隔阂、监督管理等方面的问题。其中，军民两用共享平台的建立，恰恰需要以装备制造为切入点，而高端电子装备制造涵盖了军事领域的重大电子装备制造，也包含国民经济领域的重要电子装备制造，其在制造的共性关键技术、重要制造基础、共同瓶颈问题上具有相通性，是建立军民两用共享平台的重要交汇点，为未来的军民深度融合发展中具备了支撑共享与协同的条件和标准，具有广阔的发展前景。

3. 创新驱动亟需高端电子装备制造的战略抓手

2016 年 5 月，《国家创新驱动发展战略纲要》发布，提出了到 2020

年进入创新型国家行列、到2030年跻身创新型国家前列、到2050年建成世界科技创新强国的“三步走”战略目标。对当前发展中存在的“产业处于全球价值链中低端、一些关键核心技术受制于人、支撑产业升级、引领未来发展的科技储备亟待加强、创新驱动的体制机制亟待建立健全”掣肘因素，以及创新动力、整体效能、人才队伍、环境氛围方面存在的问题与障碍，进行了深入分析。确立了“坚持双轮驱动、构建一个体系、推动六大转变”的布局和方向，重点对创新能力从“跟踪、并行、领跑”并存，“跟踪”为主向“并行”、“领跑”为主转变。明确了发展新一代信息网络技术、智能绿色制造技术、现代农业、现代能源、生态环保、海洋空间等重点战略任务，发展引领产业变革的颠覆性技术，如移动互联、量子信息、空天技术、增材制造、智能机器人、无人驾驶汽车、纳米、石墨烯新材料等，抢占发展制高点。

当前，制造业正朝着全球化、信息化、专业化、绿色化、服务化的方向发展，而制造技术则向高精度、自动智能、绿色低碳、高附加值、增值服务、物流联动等方向发展。在“信息”与“工具”结合日益紧密的今天，全球高端电子装备制造正日益呈现出“综合化、融合化、智能化”的新发展趋势。以智能化为例，这种发展趋势指的是智能制造装备将具有感知、分析、推理、决策、控制功能，将实现先进制造技术、信息技术和智能技术的集成和深度融合，而高端电子装备制造则成为智能制造的重要基础和主要支撑。

《高端装备制造业“十二五”发展规划》指出，到2020年高端装备制造业要占整个制造业的25%。当前中国高端装备制造领域取得了一些举世瞩目的成就，但同时还存在很多不足之处，其地位与作用仍亟待加强和着力改进，不断加强信息化对高端装备制造的改造与提升，是高端装备制造在数字化、网络化基础上走向智能化的必然。高端电子装备制造作为高端装备制造的“芯”和“智”，其地位与作用将日益显著，在科技创新进程中，必将产生更加广泛而深远的影响。

一方面，我们应紧跟新技术发展趋势，积极抢占发展先机。随着新一轮科技和产业革命进程的加快，信息技术、生物技术、新材料、新能源深入发展并广泛交叉渗透，绿色、智能、高效、节能、环保、泛在等发展趋势引发了新技术的群体性革新，以信息技术为主导并与制造技术紧密融合的智能制造方兴未艾，技术与产业发展密切关联，原始创新、集成创新、体制机制创新、环境氛围创新多头并举，以技术为突破、以产业为基础、以制造为核心的新形态的工业革命正悄然到来，改变着现代社会生产和生活的方式和模式。另一方面，也要及时补足明显短板、加强制造基础。正如《中国制造 2025》中提出的“工业强基”专栏工程，要重点加强核心基础零部件、关键基础材料等重大工程和重点装备的关键技术，不仅在前沿技术上实现突破，也要在制造内涵上获得进展。此外，我国在工程科学基础创新、设计工具自主研发与推广上仍有欠缺和空白，在工艺手段、加工制造的质量和水平上还需要补足差距，在数字化、网络化、智能化生产管理以及业务与服务信息化管理等方面，还需要继续提升和加强，在行业共性关键技术、成果开放与共享、技术有效转化与推广、市场与产业协同等各个方面，还需要从体制、机制上解决好长期以来存在的低水平重复建设、高端制造欠缺的突出问题，集中力量在信息化、智能化的关键节点及载体——高端电子装备制造上实现新的突破和跨越，有力支撑制造强国战略的实际推进。

目前，信息与电子技术的前沿发展、信息科技产业的未来前景，为高端电子装备制造提出了新的任务与挑战。我国高端电子装备制造方面与世界先进水平的差距与不足，既是压力，也是动力。新技术、新装备的突破与应用，不断增强着自主创新的信心和能力，但我国仍需要在政

策、举措、环境、氛围、协同、创新等方面下大力气给予重点支持和改进。

未来5～10年，我国高端电子装备制造将成为支撑国家高端装备制造业的“智慧之芯”、“智能之芯”，服务于国家制造业跻身世界制造强国行列的整体目标；未来20～30年，具有中国自主特色体系的高端电子装备制造，有望达到世界一流行列水平，推动国家制造业整体步入世界发达国家前列。

第四章 高端电子装备制造的若干具体问题

高端电子装备制造，从最初电子信息技术与产业各领域的单一、分离、纵向为主的发展模式，逐步走向互相融合、互相支撑、广泛渗透、横向协同的综合化、一体化的新趋势，在更高水平、更深层次、更广跨度上与制造业其他领域加快创新融合，成为支撑并引领我国装备制造业向数字化、网络化、智能化方向发展的重要基础。

《中国制造 2025》规划了我国制造业未来十年发展的宏图愿景，要切实改变我国制造大而不强的局面，努力追赶世界一流水平，必须充分运用智能化制造技术与手段，对现有制造业进行改进与提升。德国“工业 4.0”描述了全球工业制造的机械化、电气化、自动化、智能化的四个不同发展阶段，指出未来制造业发展方向是信息物理系统(CPS, Cyber-Physical Systems)架构下的全过程智能生产与制造的模式与体系的变革。与之对照，我国制造业当前基本处于 2.0 阶段，即机械化大部分普及、电气化大致实现、自动化有重点突破、智能化还任重道远。

具体说，数字化制造上，我国拥有一些数字化加工中心、测试测量平台，数字化设计、加工制造的手段与工艺水平不断提高，基于自动化的工厂、车间先进流水线广泛引进，在远程可视制造、敏捷制造、柔性制造、光电加工、微加工等方面取得了显著进展。网络化制造、定制生产上，大飞机、轻纺、消费类电器、小型化 3D 打印部件及样品等逐步

推进普及。智能制造上，规划了产品、生产、模式、基础四个维度的系统构架，在家电、机器人、数控机床、人工智能以及智慧城市、智能交通、大数据、物联网等方面着力推进。而数字化、网络化、智能化制造的重要载体是高端电子装备制造，高端电子装备制造是软硬件综合化、一体化的典型装备制造的重要支撑，其具体制造问题亟待突破。

高端电子装备制造自身的发展，从制造内容上看，涉及硬件也涉及软件，如芯片、系统软件（操作系统、数据库、中间件）、应用软件（工业软件等）；从制造层次上看，有系统级、整机级、部件级、元器件级制造等；从制造过程上看，有设计、制造、管理等；从影响因素上看，有材料、工艺、测试、保障等。制约高端电子装备发展的问题多种多样，而其中要优先考虑解决的是共性问题。

本章选取电子装备机电耦合、工业软件尤其是知识型软件设计工具、电气互联与表面组装技术、电子封装技术、高密度组装技术、精密超精密加工、热设计与热控技术等突出问题，进行初步的问题总结与剖析，为破解我国高端电子装备制造创新发展的难题寻找解决共性关键技术、技术与产业协同发展的有效路径。

一、电子装备的机电耦合

高端电子装备的发展，向着高性能、高精度、高可靠、低能耗、综合化的趋势迈进，其在国防建设、国民经济领域众多范围内的应用非常广泛。

从陆、海、空、天电子综合信息平台整体建设，到下一代预警机、深空探测、载人航天、航母、核潜艇、微系统、新能源、太空发电站等国家战略发展重大专项和新型武器装备研制，再到诸如射电天文望远镜、星载可展开天线、地基大型反射面雷达天线、机载雷达天馈系统、通信导航识别系统，船载雷达预警系统、通信导航定位系统等各种高性能高精度复杂电子装备的设计、制造中，都出现了与电子装备机电耦合关系紧密的关键共性问题，迫切需要着力解决，这些问题的解决将不断推进高端电子装备自主设计、制造水平的提高，并通过基础、共性、关键问题与技术的解决，带动我国高端电子装备制造的创新与发展。图 4-1 是高端电子装备制造机电耦合共性问题的重大应用领域。

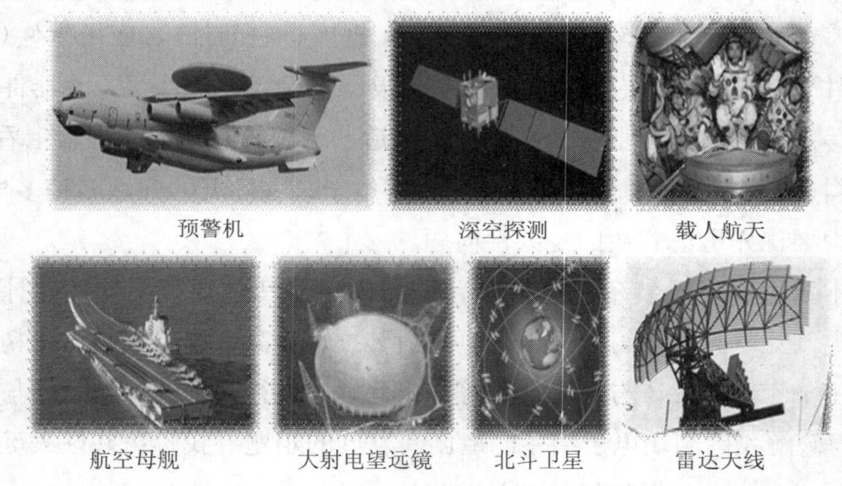

图 4-1　高端电子装备制造机电耦合共性问题的重大应用领域

目前，复杂高精度高性能电子装备机电耦合问题的研究，具有国家重大战略发展迫切需求、典型多学科交叉研究的鲜明特征，国内研究具有良好基础，国外正在抓紧突破，加强机电耦合问题的进一步研究与应用，对于推进高端电子装备制造的协同创新意义重大。

(一) 从“机电分离”、“机电综合”到“机电耦合”

机电装备制造中，“机”与“电”的问题始终是最为突出的问题之一，也是设计制造中最为基本的问题之一。

机电装备的实际应用状况，可分为两大类：一类是以机械为主，电

性能服务于机械性能，应用电子信息技术来提升机械性能，使之更加精密化、智能化，如数控机床、汽轮机等；另一类是以电性能为主，机械性能服务于电性能，以高端电子装备制造为典型代表，机械结构(包括热)与电磁性能的实现之间存在着相互影响、相互依存的关系，即机电耦合的关系，高端电子装备的性能实现，不仅依赖于机械、电磁、传热等各学科本身的设计与制造水平，更是各个不同学科之间交叉、融合、协同结果的直接体现，如微波天线、导弹天线罩、光学望远镜、高密度机箱机柜等。

在传统的设计、制造中，往往对“机”与“电”问题的真正解决存在障碍与瓶颈。一方面，要求机械结构与电磁设计分离进行，且对电设计与制造提出的精度太高，这往往超出机械结构设计与制造的能力；另一方面，机械结构性能精度的满足，有时却不一定能保证电磁性能要求的满足，因此，实际工程中采取多加工备件，究竟用哪个取决于最终的电调，带有明显的试凑性质，知其然而不知其所以然，从而导致电子装备研制中出现周期长、成本高、结构笨重等一系列问题，严重制约整体性能的提高。

从我国高端电子装备制造的历史发展进程看，“机”与“电”的问题主要经历了“机电分离”、“机电综合”到“机电耦合”三个阶段。第一阶段在1980年以前，电子装备工作频段较低，传统的机电分离设计与制造基本可以满足当时的需求。第二阶段是1980—2010年间，随着工作频段的提高，电子装备“机”与“电”之间的相互影响明显显现，机电综合设计应运而生。2010年以后，电子装备的设计制造，不仅在工作频段上进一步提高，带宽也逐步加大，同时，组装密度越来越高、体积则越来越小，机械、电磁、传热等多场之间紧密耦合的关系显著提升，机电耦合设计与制造的发展需求愈发迫切。图4-2为电子装备机电耦合

研究内涵关系示意图。

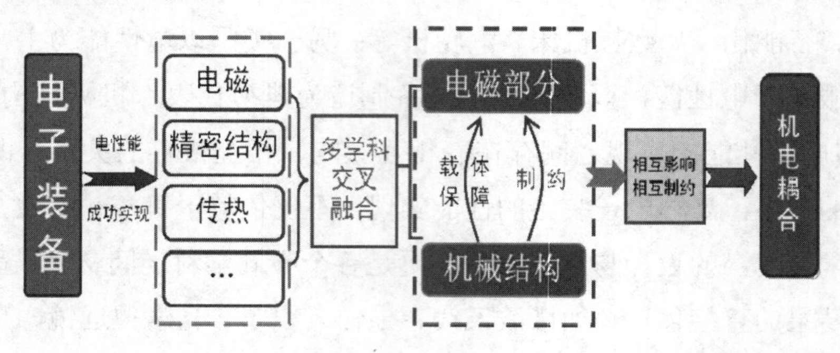

图 4-2　电子装备机电耦合研究内涵关系示意图

（二）面临的现状与挑战

当前，高端电子装备制造的机电耦合问题，在设计、需求、作用等方面的重要性日益突出，传统机电分离所导致的研制周期长、成本高、性能受限等瓶颈亟须突破。据不完全统计，因为机电分离对天线及微波馈线系统、雷达天线伺服系统、通信系统等装备性能的影响达到 60%～70%，对研制周期、研制成本的影响均达到 30%～50%，所以我们始终未能从根本上发现和解决机电之间的影响规律、耦合机理的问题。

如某机载火控雷达平板裂缝天线，我国对其制造精度的要求高于俄罗斯，但俄罗斯产品性能却与我国相当；又如某电调双工滤波器，通过机械传动实现 500 个频率点的准确定位，误差的插入损耗每增大 1 dB，通信作用距离缩短 10 km，结构精度要求甚高。但仅凭经验调试机械误差会导致代价大、成品率低、周期长等问题。同时，高端电子装备也在向着高频段、高增益、高密度、小型化、快响应、高指向精度等方向发展，如实施火星探测计划而研制的 35 m 口径 S/X/Ka 三波段反射面天线，需要解决反射面保型、机电耦合的难题；又如高性能电子装备的高密度元器件、子系统的整体设计、制造、组装，要解决好密度大、体积小、

热流密度高等诸多难题。总之，机电耦合问题的解决，将使高端电子装备的设计制造在降低成本、缩短周期、提高设备的性能与可靠性上得到大幅提升。图 4-3 为某平板裂缝天线和某电调双工滤波器机电耦合研究。

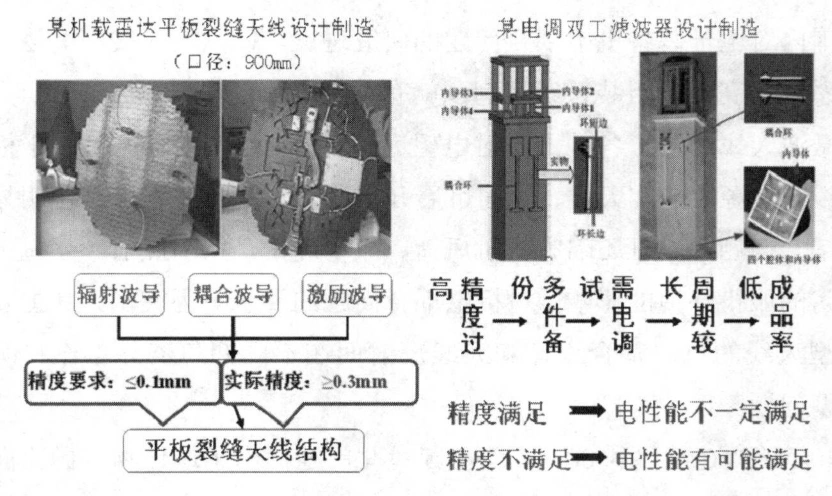

图 4-3　某平板裂缝天线和某电调双工滤波器机电耦合研究

电子装备机电耦合研究的是以电子装备的使用效能与典型特征——即以电磁信号的发射、接收、传输、处理及显示为目标，以机械结构为载体的特殊机电装备。其关键在于：一是对于具有高分辨率、高灵敏度等电性能要求的装备，其电性能对机械结构精度很敏感；二是就机械结构而言，要求其具有满足电性能指标的极高的机械结构精度，而不是一般的机械加工与装配精度。

目前，国外对部件级电子装备的机电耦合问题已经进行了比较系统的研究，取得了一定成果，如超声换能器、磁通感应加热设备、感应电机、波纹喇叭波导等。而在系统级方面的研究较少。我国自 20 世纪 80 年代以来，在微波电子装备的机电耦合方面开展研究，如双反射面天线副面撑腿、馈源相位中心、波导缝隙天线、相控阵天线等，取得了综合设计方法上的一定进展，并在急需解决的机电耦合问题上积极探索内在机理、探究其科学的内涵。

（三）当前研究进展

国内对电子装备机电耦合问题的研究进展，以微波天线、雷达天线伺服系统、高密度组装系统为例，就有关情况作以简要介绍。

微波天线涵盖了各种大型射电望远镜、大中型反射面天线、平板裂缝天线、有源相控阵天线、空间可展开天线等，其本身不仅存在明显的机电耦合问题，而且还因为随机风荷、振动冲击、太阳照射、冰雹雨雪等恶劣的服役环境的影响，对机电耦合问题的要求更为突出，其主要存在大型天线的机电耦合设计和天线反射面在不同仰角姿态工作状况下的保型问题。

20 世纪 60 年代到 80 年代，我国对此问题提出了最佳吻合抛物面概念，并在天线结构与电性能之间内在关系的探索上取得进展，对天线电磁设计、结构设计、天线座伺服系统设计提出了系列理论和设计方法。进入 21 世纪，进一步揭示了电性能与结构设计的关系体现为结构位移场与电磁场的耦合关系，找到场耦合关系的突破口，建立了模型，进行了机电综合设计，与著名的 Ruze 公式相比，该模型在保证相同电性能指标的同时，反射面精度要求、成本和研制周期均得到降低和缩减。此外，针对反射面天线的多工况问题，即在不同的仰角工况都能满足电性能，要开展保型设计，而且已经开展了形状优化、拓扑优化、可靠性优化、大系统优化、可视化优化及两态动力优化等方面的工作，初步形成了我国微波天线机电综合设计的学科体系。

雷达天线伺服系统中的控制与结构的耦合问题，是针对雷达天线的快响应、高指向精度提出的要求，需要对此进行伺服系统结构与控制的集成设计。设计中，指向精度与快速响应等性能取决于伺服系统的设计

水平，包括结构设计和控制器设计，结构设计影响控制性能的实现，控制性能反过来又影响结构设计。因此，集成设计十分必要。目前，通过克服传统设计中结构、控制分别单独进行设计的不足，以控制增益因子、结构尺寸、传动比为设计变量，以结构重量、跟踪精度及控制能量为目标函数，以稳定性、跟踪性能指标及许用应力等为约束，系统地建立了雷达天线伺服系统的结构与控制集成设计理论与方法。

高密度组装系统机、电、热耦合问题，即在高端电子装备制造中特别是高精度高性能电子装备，如高密度机箱机柜、有源相控阵天线，其结构设计、电磁设计、热设计之间存在着高度的耦合关系。设计中主要的问题，一是质量和刚强度的矛盾，即结构刚强度要求高，能在各种工况下正常工作，服役环境要求体积小质量轻；二是电磁屏蔽和通风散热的矛盾，即较大的孔缝有利于散热却不利于电磁屏蔽，而过高的温度又会影响电子器件的效能。为此，开展多学科耦合优化设计，为解决结构刚强度、电磁兼容、散热温控等几个方面的矛盾，建立了耦合模型，对结构、热、电磁进行耦合分析，提高了装备的综合性能。

(四) 未来发展趋势

未来高精度复杂电子装备的发展趋势呈现出以下六个特点：

1. 极高频段

基于大通信容量、高传输速率及高分辨率的需求，电子装备的工作频段从微波、毫米波向亚毫米波甚至太赫兹波的方向发展。当前米波、厘米波探测雷达已发展成熟，毫米波在通信系统中得到广泛应用。

2. 极端环境

航空、航天、航海领域的电子装备，其工作环境往往十分恶劣，而且随着科学探索的不断深入，从常规工作环境向着南北极、临近空间、外太空、深海等极端服役环境发展。

3．宽频带、多波段、高增益

这三个要求给电子设备的设计与制造带来了新的问题和更大的难度，场耦合关系更加复杂，加工精度要求更高，这就需要进行新材料、新结构与新工艺的探索和研究。

4．高密度、小型化

目前，电子装备向着体积更小、密度更大、功耗更低的方向发展，如电子设备组装的密度越来越高，而且由二维组装向三维组装发展，急剧增加的密度使机电耦合问题更为突出。

5．快响应、高指向精度

对设备的机动性与反应速度的要求越来越高，而且在要求快速跟踪的同时，还应能够精确定位。

6．多功能一体化

随着使用范围的不断拓展，满足某些特殊/特种需求的电子装备不断涌现，因此需要集防护、天线、馈线、功分及信息处理于一体的高性能高精密电子装备。

(五) 前沿发展方向

综上所述，电子装备机电耦合问题的前沿发展，还需进一步在前沿六个方向上重点开展研究，深入进行机电耦合理论、方法及综合设计平台的探索，拓宽应用领域、提升应用层面，突破关键共性技术。

1．多场、多尺度、多介质的耦合机制

基于多种电磁媒质的材料特性，研究电磁场、结构位移场、温度场等多物理场之间的相互作用，探明其在微波、毫米波、亚毫米波等频域

范围，以及从微观到宏观的跨尺度域上的演变规律。具体包括：

其一，高精度电子装备的多场耦合建模。要深入研究电磁场、结构位移场、温度场等多物理场之间的耦合关系，挖掘多场之间的物理联系参数及影响因素、影响电子装备综合性能的因素，提出不同高精度电子装备多场耦合理论模型统一表述方法。

其二，高精度电子装备的路耦合。研究高精度电子装备中力、电、热等三种能量在封闭空间中的耦合理论，以及结构因素、载荷信息、材料特性对电路性能的影响机理问题，实现电路中结构因素、载荷信息、材料属性的多尺度、多频段的动态建模，提出面向最优传输性能的电路结构、性能与功能的集成设计理论与方法。

其三，高精度电子装备机电耦合的跨尺度建模方法与仿真。基于电子装备机、电、热多场耦合以及跨空间、跨时间尺度的特征，研究其建模与仿真、电子装备中关键部件的性能优化和关键参数传递对系统性能演变的机理、电子装备机械结构的跨尺度建模和电性能分析，以及结构功能一体化的设计理论与关键技术。

2. 多工况、多因素的影响机理

针对电子装备机电耦合问题中，难以从多场耦合角度进行机、电关系描述的部分，需要分析多种工况下机械结构因素对电性能的影响机理，得出结构因素对电性能影响的定性或定量关系。

其一，高精度电子装备机电耦合的材料特性影响机理，研究电子装备中，材料(常规材料和新材料)的机械参数和电磁参数对装备性能的影响，探索在加工制造过程中和服役环境条件下材料特性的变化规律，挖掘材料特性对电子装备性能的影响机理。

其二，机械结构(设计与制造)因素对电子装备性能的影响机理。针对电子装备设计与制造中多工态和多因素对电性能的影响机理问题，探究机械结构设计参数和制造工艺参数对电性能的影响规律，挖掘设计、制造因素与电性能之间的定性或定量关系，研究电子装备的设计—制造—测量—运行全过程协同仿真和补偿技术。

3. 系统结构与功能集成设计理论与方法

为避免分离设计导致的功能异化和性能劣化，从系统层面研究机械结构、电磁、传热等各个部分在内的综合设计，统筹考虑硬件集成、信息集成及功能集成。

二、工业软件设计工具

高端电子装备的制造过程，设计是首要环节。设计水平的高低直接决定产品的制造标准与质量，设计手段的优劣直接决定产品的内在品质与结果。工业产品的设计，需要高水平、功能强的设计软件，尤其是知识型软件，应用在工业制造领域的软件即为工业软件，而其中研发设计类的软件则是工业品制造中关键的设计、模拟、仿真工具，对于产品设计制造至关重要，对于高端电子装备制造创新发展的意义十分重大。

从另一个角度看，工业制造业的主要支撑由硬件和工业软件两大部分构成。传统工业中，硬件是整个工业的基础，工业软件对硬件起着支撑和保障作用。随着制造业的不断发展，特别是 21 世纪初以来美国工业互联网、德国“工业 4.0”以及《中国制造 2025》新国家战略的兴起与推进，工业系统朝向数字化、网络化、智能化方向持续迈进，硬件与软件两大部分所扮演的角色正悄然发生着微妙的变化，工业软件内涵扩大、作用凸显，“软件定义网络、软件定义制造、软件定义一切”正成为一种新的发展趋势。

从工业软、硬件两方面分析，我国制造业目前现状是“硬件不硬”、“软件不强”。硬件方面，近年来每年平均8万亿的固定资产投资，70%用于购买设备，而这其中的60%依赖进口，集成电路设备几乎全部进口，石化装备80%依赖进口，汽车装备制造、数控机床70%进口；软件方面，2015年全球工业软件市场规模为3348亿美元，而我国仅为1193亿人民币，且高端工业软件几乎被国外企业垄断，这与我国的工业大国地位极不相符。同时我国在软硬件投入上严重失衡，“十二五”期间我国工业硬件投入比为82%，软件和服务投入比分别仅为6%和12%，同时硬件市场年平均增长率为18.1%，而软件市场仅为13.6%。因此，我国制造业面临严重的“空心化”危机。图4-4为我国软硬件投入失衡比例示意图。

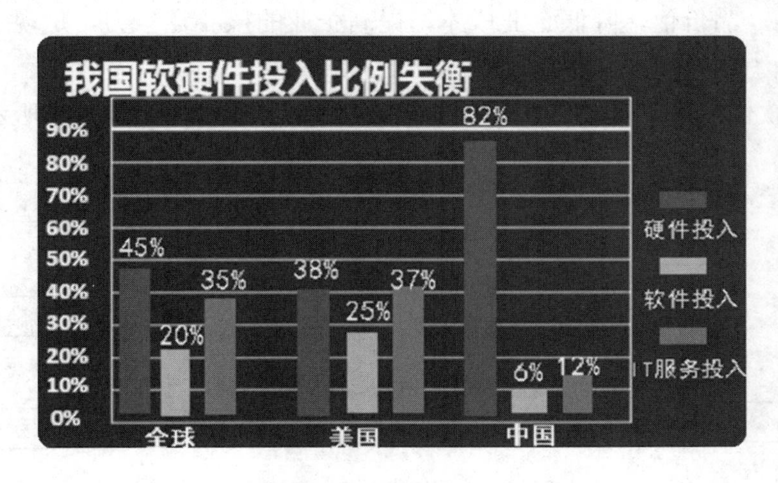

图4-4　我国软硬件投入失衡比例示意图

作为承载人的知识、经验的固化载体和集成结晶，软件逐步成为不可或缺的组成和不可替代的核心，以各种形式广泛存在于制造业的角角落落，甚至成为制约硬件乃至整个工业创新发展的一个重要因素，对于先进制造业、高端电子装备制造、智能制造未来的发展举足轻重，调研分析软件特别是工业软件的实际与差异，具有重要意义。

(一) 定义分类

广义上，工业软件是指在工业领域里应用的软件，包括系统软件、应用软件、中间件、嵌入式软件。其中，系统软件和中间件为计算机运行和使用提供最基本的功能，并不针对某一特定应用领域，而应用软件则恰好相反，根据面向的特定应用领域提供不同的功能。

狭义上，根据《2011 中国工业软件产业发展年度报告》及《2016年—2022 年中国工业软件行业发展现状调研与发展趋势分析报告》，工业软件的具体定义为：专门用于或者主要用于工业领域，为提高工业企业研发、制造、生产、服务与管理水平以及工业装备性能的软件。其可以提高产品价值，降低企业成本，提高企业的核心竞争力，是现代工业装备的大脑。

工业软件按照软件功能和用途大致可分为以下五类(如图 4-5 所示)。

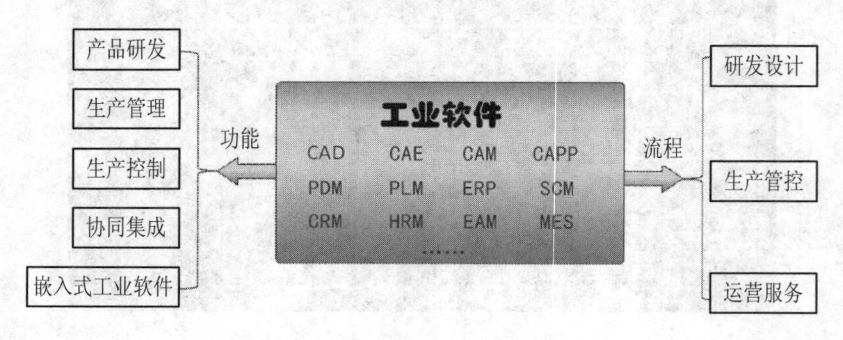

图 4-5　工业软件主要内容与分类

1. 产品研发类

产品研发类主要包括产品研发计算机辅助设计(CAD)软件、辅助分析(CAE)软件、辅助制造(CAM)软件、辅助工艺规划(CAPP)软件、产品数据管理(PDM)软件、产品全生命周期管理(PLM)软件等。其作用是提高产品研发效率、降低研发成本、缩短研发周期、提高产品质量。

2．生产管理类

生产管理类主要包括企业资源计划(ERP)软件、供应链管理(SCM)软件、客户关系管理(CRM)软件、人力资源管理(HRM)软件、企业资产管理(EAM)软件等。其作用是提高企业的生产管理水平，提高产品质量水平和客户满意度，提高企业间信息和物流协作效率，降低企业管理、信息交流和物资流通成本，提升整个产品价值链的增加值。

3．生产控制类

生产控制类主要包括制造执行系统(MES)和工业自动化控制系统等。其作用是提高制造设备利用率、降低制造成本、提高制造质量、缩短制造周期、提高制造过程管理水平。

4．协同集成类

协同集成类主要包括协同软件、工作流软件、企业应用集成平台等，其作用是解决“信息孤岛”和“流程孤岛”对企业和供应链运作效率的制约，在降低企业内部和企业间集成成本的情况下，提高企业和供应链的整体经济效益。

5．嵌入式工业软件

嵌入式工业软件主要是指嵌入工业装备内部的软件。其作用是提高工业装备的数字化、自动化和智能化水平，增加工业装备功能，提升工业装备性能和附加值。其主要应用领域包括工业装备电子、能源电子、安防电子及其他软件。

从流程角度分析以上各类工业软件，作为设计制造的首要环节。产品研发设计类软件，是对产品进行设计、模拟、仿真、分析的关键软件，是规划整个产品原型产生、生产制造的设计工具，对于产品的诞生、制成、质量标准、制造规范等具有先导性的关键作用，显得更加突出和重要。其他类工业软件可大体归为生产管控与运营服务两大类软件。

（二）当前状况

从软件行业整体的发展情况来看，2014—2015 年全球软件和信息服务业增速持续放缓，发展中国家和经济体对工业软件的需求成为全球工业软件市场发展的亮点，中国市场增速领先于全球工业软件市场，在《中国制造 2025》背景下，工业软件及信息化服务需求仍在继续增加。

在智能制造、互联网、物联网、云计算、大数据等新兴信息技术与产业应用趋势发展的推动下，传统软件企业加快互联网服务转型，工业软件、信息安全、开源软件等细分市场发展势头良好。

全球企业间的合作、联合加速，除了亚马逊之外，微软和 IBM 在云计算领域不断扩展，阿里巴巴与飞利浦签署 IT 基础设施服务框架协议，思科与 TCL 投资 8000 万美元共同建设云服务平台等，不断推进全球软件市场的深度发展。图 4-6 是全球企业合作加速。

图 4-6　全球企业合作加速

我国软件行业在激烈的竞争形势下，面临艰难的生存压力，目前我国工业软件的覆盖率仅为 28%，工业软件市场仍然有广阔的空间。

国外知名公司抢占国内市场，国产软件比如操作系统、工业软件等发展缓慢，自主化程度低，工业软件中的设计工具类软件对外依赖严重，制约着工业智能化的发展进程。

根据赛迪顾问数据的统计，2015 年我国工业软件市场占有率如表 4-1 所示。

表 4-1　2015 年我国工业软件市场概况

分类＼市场	国产软件市场份额/亿元	国外软件市场份额/亿元	国产软件市场占有率/%
研发设计	6.33	59.26	9.7%
生产控制	388.52	351.02	52.5%
生产管理	277.70	39.13	87.7%

总的看来，国产研发设计类软件对外依赖严重，此类软件国产的市场占有率仅为 9.7%，由于技术壁垒较高，需要经过长期应用验证、反复改进与完善才能孕育出一流软件，而国外企业基于先发优势和成熟的市场环境，建立起行业标准，产品量化后具有优势，主动占据市场。生产控制类软件在高端装备制造领域得到加强，和利时、浙江中控等企业有力地推动了国产软件等的应用推广，此类软件国产的市场占有率为 52.5%。而生产管理类软件占据了主导，由于入门技术门槛低，国内软件企业在生产管理方面的本土化优势促使此类软件得到较大发展，国产软件市场占有率达到 87.7%。宏观看，高端设计工具软件大部分依赖进口，中低端控制和管理软件国产化正在积极推进并取得明显效果。

（三）行业分析

经过实际调研并结合文献资料，选取电子信息、航空和机械三个行业的典型代表，对我国重点行业工业软件相关的具体应用情况进行初步摸底，从而进一步分析对比国内外工业软件的发展差距，提出了我国自主发展工业软件的方向和路径，大体情况作以简要总结。

1. 电子信息行业

电子信息产业是研制和生产电子设备及各种电子元件、器件、仪器、仪表的工业领域。依据《电子信息产业行业分类注释(2005—2006)》，电子信息产业包括雷达工业行业、通信设备工业行业、广播电视设备工业行业、电子计算机工业行业、软件产业、家用视听设备工业行业、电子测量仪器工业行业、电子工业专用设备工业行业、电子元件工业行业、电子器件工业行业、电子信息机电产品工业行业、电子信息产品专用材料工业行业，12 个行业、产业，共 46 个门类。

2015 年，我国电子信息产业加快推进结构调整，产业整体保持了平稳增长。规模以上电子信息产业企业个数 6.08 万家，其中电子信息制造企业 1.99 万家，软件和信息技术服务业企业 4.09 万家。全年完成销售收入总规模达到 15.4 万亿元，同比增长 10.4%；其中，电子信息制造业实现主营业务收入 11.1 万亿元，同比增长 7.6%；软件和信息技术服务业实现软件业务收入 4.3 万亿元，同比增长 16.6%。

据不完全统计，我国电子信息行业中研发设计类、生产管控类、运营服务类软件的国外进口率分别为 90%、40%和 10%。此外，通过对电子信息行业典型代表企业如中兴、TCL、中芯国际、CETC 五十所、中国电子科技集团公司电子科学研究院等五家企业和单位(见图 4-7)调研，统计数据显示，上面所列三类软件国外进口率分别为 87.5%，41.7%和 12.3%，与行业总体情况基本吻合。

图 4-7　电子信息行业主要调研企业

通过实际调研了解，其中我国在禁运软件的自主研发方面，已经取得了一些完全自主的原型软件，如中国电子科技集团公司电子科学研究

院的分布式电磁协同计算服务平台，而在工程化推广方面存在较大困难，制约着设计工具软件的自主发展。而在购置国外软件的使用过程中，数据库以及一些高端的技术版本试行技术封锁，导致我国始终受制于人。

2. 航空行业

航空业属于资金、风险和技术密集型行业，其自身有着鲜明的特点，是一个相对特殊的行业。具体表现为：一是专业化技能要求高；二是国际化程度高；三是服务标准要求高；四是安全性要求高。

据不完全统计，我国航空业研发设计类、生产管控类、运营服务类软件的国外进口率分别为 85%、65%和 50%。此外，通过对航空业的典型代表企业如中国商用飞机有限公司(商飞公司)、中航工业第一飞机设计研究院(一飞院)以及西安飞机强度研究所(623 所)等三家单位(见图 4-8)调研，统计数据显示，上面所列三类软件国外进口率分别为 83%，67%和 54%，与行业总体的情况也基本相符。其中，商飞公司和一飞院分别是我国商用飞机和军用飞机研发制造的典型代表企业，623 所是飞机强度研究中心与地面强度验证试验基地。

图 4-8　航空行业主要调研企业

在航空行业设计工具软件中，具有市场垄断地位的属于达索公司的 CATIA 软件。在 1981 年达索系统公司成立之前，CATIA 软件的前期研发，达索航空公司一直支持了 14 年，期间实现飞机生产的电子化重新定义，而飞机设计、制造中提出的需求又促使 CATIA 软件不断完善。此外，1981 年达索系统公司和 IBM 共同发布 CATIA 1.0，通过与 IBM

硬件绑定，迅速提升了自身影响力。1986 年波音公司选择了达索系统的 CATIA 产品，继而，与波音公司有裙带关系的企业纷纷选择 CATIA，CATIA 软件生态系统形成。到 1995 年 CATIA 第 4 版操作系统具备了硬件无关性，使软硬件隔离，软件的可升级性、可移植性、可重复利用性大大提高，且其开始关注细分市场，为汽车、航空航天、制造装配、消费品、轮船、工厂等行业提供有针对性的解决方案。1997 年开始，达索系统公司展开了并购，生态系统更加完善。到 2015 年，达索系统公司在中国研发设计类软件的营业额为 16.29 亿人民币，市场占有率为 24.8%。时至今日，CATIA 软件生态系统地位已然不可撼动，我国飞机制造、汽车制造、重机械制造等领域的众多企业均采用 CATIA 软件。

从国产原型软件典型案例分析，如 623 所 HAJIF 软件，为了摆脱对国外技术的依赖，从 1975 年开始研制自主知识产权的强度仿真平台，经过四十多年努力和发展，最新版本的 HAJIF 已经有了明显进步，在某些方面的功能甚至强于国外软件，可惜的是，HAJIF 软件目前在航空行业内也没有得到推广使用，无法撼动 CATIA 软件等的垄断地位。因此，航空行业在不降低设计规范标准的情况下，如何加快国产设计工具软件等自主发展，仍然是摆在面前的一个难题。

3. 机械、汽车制造行业

针对机械、汽车行业的情况，据不完全统计，机械制造行业研发设计类、生产管控类、运营服务类软件的国外进口率分别为 70%，40%和 10%，情况略好于上述其他两大行业领域。调研上汽通用五菱、柳工集团、东风柳汽、柳汽集团等企业(见图 4-9)，平均统计设计研发类、生产管控类、运营服务类外购比例分别为 63%、50%和 0%，自主化软件占比状况较好。

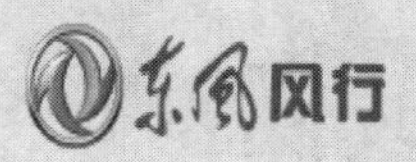

图 4-9　机械、汽车行业主要调研企业

以上汽通用五菱为例，汽车的研发制造出于成本因素的考虑，购置国外软件不像电子、航空领域的比例那样高，而在自动化、智能化生产线方面，行业标准、流程规范易于贯穿到制造生产过程中，工业控制、生产管理软件自主化程度高，基本可以实现企业生产制造的发展需要。

(四) 问题和原因

1. 高端软件依赖进口

在选取的电子、航空、机械行业中，高端核心设计工具软件均为进口，如 CATIA、UG、PROE、Autocad 等，且其中有很大比例的软件找不到国产可替代产品，故不得不花费高昂的购买和授权维护费用。据不完全统计，电子行业企业购置的软件费用常常高达数千万甚至上亿元、数亿元，这些软件的年授权维护费用大致在 15%左右，而且存在客户服务响应慢、本土化情况差的问题。使用中，企业为了满足应用的特殊需要，常在外购软件基础上进行二次开发，但当软件版本升级后，这些二次的成果会因为兼容问题“清零”，如 CATIA 软件，致使国内企业二次开发的劳动付诸东流；同时，推广方面，国外软件公司通过国际合作、教育培训、免费赠送的方式培养了一大批黏性用户，进一步挤压国产软件发展空间，从学习教育、人员培训等环节上加大了推广应用力度，对完善产业链起到了推波助澜的作用。图 4-10 为全球主要设计工具高端软件。

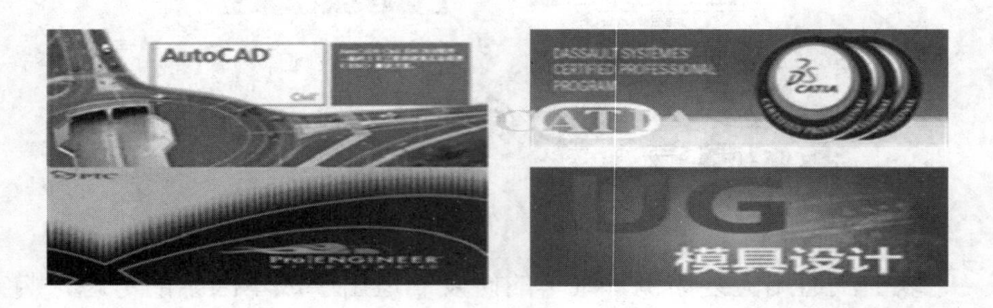

图 4-10　全球主要设计工具高端软件

2. 自主软件推广困难

由于技术封锁，国外禁运软件只能自主研发，但国内科研单位仅作为项目完成，未进行持续跟进、推广。军民深度融合推进不够，知识、经验、成果共享缺乏，人才储备缺乏，对自主高端软件的研发支撑不够，科研人员投入软件研发的积极性不高，导致动力不足。

对于特殊行业或企业，国外对我国实施了严格的软件或基础数据库禁运。为了打破壁垒，我国先后投入巨大的人力和资金成本研发自主知识产权的软件，也取得了显著进展，如电科院的电磁协同计算服务平台、623 所的 HAJIF 软件等。但这些软件大多以国家重大课题或项目的形式完成，验收结束后缺乏有效的推广和持续性完善，导致这些软件的实际应用情况明显不如国外。

对比国外在军民融合方面的成功案例，如 GPS 的使用、专用军网的构建以及我国正在推进的北斗卫星导航系统应用，可以考虑通过广泛深入的军民融合，切实解决一些禁运软件的原型研发与市场推广之间的矛盾问题，提出既有分离也有融合分工的新机制，大力推进原型工业软件的工程化、市场化。

3．软件标准亟待制定

工业软件与硬件不同，不是一次投入就能一劳永逸的，其研发的周期长、收益慢，应持续跟进、迭代更新，其发展需要顶层规划、长期布局，要有持久的人力、财力支持。而我国历史性的扶持性政策有限，持续跟进不足，曾经错失发展良机，如国产 CAD、CAE 的发展例子，CAD 从“六五”起步直到“九五”发展，在 1991 年掀起了“甩图板”的自主研发热潮，但之后销声匿迹；CAE 从 20 世纪 60 年代到 90 年代，也是逐步推进，但之后轻视成果转化和市场化推广，缺乏重点扶持、商业化运作，折戟沉沙未见发展。

工业软件与行业应用密切相关，行业生产制造的具体情况千差万别，从而导致软件门类繁多，缺乏统一标准，增加了工业软件的开发难度。此外，我国在知识产权保护方面也缺乏有效措施，盗版严重，进一步恶化了工业软件企业的生存空间；而司法体系现实执行中，中国的平均知识产权纠纷判赔额度仅 8 万元，美国为 450 万美元，导致知识产权保护乏力，有制度执行难。同时，企业和软件公司缺乏良好的沟通共享渠道，成果共享制约严重。

4．企业创新动力不足

国外著名软件公司创办较早，跟随国家工业化发展的步伐不断壮大、领先，在技术和资本方面实力强大，具有良好的市场氛围环境。长期坚持做好自身能力建设、技术更新、管理服务配套等完善的市场推广与应用，规模、实力、人员、知识、经验等诸多重要因素集聚，促使企业的产品始终在市场上占据先机、占据高端，形成良性循环，推动企业在激烈竞争中步步领先。

我国软件企业普遍规模较小，企业信息化建设投入、工业软件发展的投入不足。一些软件企业曾在历史上也有过开发工业软件先行成功的案例，如熊猫、开目等，但是因为缺乏紧紧跟进的持续投入与坚持，错失了发展良机。而软件企业没有深入行业内部了解企业真正需求，缺少像达索那样长期执行软件工程师跟进的做法，解决行业发展实际问题的能力较弱，而行业本身在研发工业软件的投入、跟进方面也积极性不高，创新动力不足。

（五）未来发展思考

工业软件是《中国制造2025》的重要支撑之一，也是我国高端电子装备制造设计、制造环节中不可或缺的重要工具，抓紧推进我国的自主高端工业软件发展，需要政府、行业、企业共同努力、协同发力。

国家应当加强工业软件自主发展的顶层规划设计，结合“十三五”发展规划的制定，在两化深度融合、智能制造、软件发展计划上出台政策举措，突出软件自主发展的战略意义，构建行业和企业发展的良好环境。针对自主原型软件工程化推广难的问题，应出台国家重大研发推广计划，制定“十三五”工业软件发展路线图，着力突破高端软件的自主发展瓶颈，加强行业联盟建设，鼓励行业投入市场化推广，设立国家专项软件发展基金，支持行业与企业之间的协同与合作。

三、电气互联技术

高端电子装备的具体制造过程中，电气互联是工艺制造中的一个重要技术，其主要作用是将电子装备的大量组成部分如元器件与部件、组件与系统、模块与整机的点与点、件与件之间有效地连接、装配起来，不仅实现硬件上显性的电气连接，也实现结构功能、机械性能、电性能等装备综合指标制造的隐性协同互联，即有形的电气连接与无形的电

磁兼容、电气性能、热设计、组装延迟等电气与物理性能保障的一体化互联。

随着高端电子装备制造向着高性能、高集成度、综合化、综合化、智能化方向的不断发展，电气互联技术在制造中发挥的作用越来越大，对装备制造在设计、连接、组装、布局方面的重要性日益突出，不仅制约着装备整体性能、可靠性、易维修与操作性等方面的制造实现，也对装备制造的质量、使用中的正常运行、工作效率的提升等意义重大。

电气互联技术是一项综合性的多学科交叉制造技术，涉及机、电、光、磁等多个方面的因素，随着电子装备综合设计、元器件制造技术、集成电路制造、电路基板制造技术以及先进连接技术等各项技术的不断更新和发展，电气互联技术也逐步从以表面组装技术(SMT:Surface Mount Technology)、微组装、立体组装为主的发展，向光电互联、结构功能件互联等方向发展，对于未来更加复杂的高端电子装备制造提供先进的电气互联技术支撑，实现高水平制造的不断提升与跨越。

(一) 电气互联技术概况

传统的电气“互连”主要是指将两个或多个电气元件连接在一起，强调点与点、件与件之间的连接，即关注点与点、件与件之间的连接与连通，它重视对机械性能和电气互通性能的有形描述，却忽视了机械性能和电气互通之外的电气性能和物理性能保障的无形描述。而当前随着电子装备制造技术的不断发展，特别是小型化、高精度、高性能、低能耗、高可靠性的发展需求急剧增长，传统的电子互连对热设计、电磁兼容设计、组装延迟、振动等系统动态设计的需求未能予以系统考虑，已经跟不上装备制造的发展需求。而且，随着高端电子装备制造复杂性、高集成度、综合化、一体化的发展趋势，装备制造的要求不断提高，元件、器件、模块、整机、系统等不同组成部分之间的整体互联标准也在持续提升。

电气互联的概念，是对传统的电气连接、连通等互连技术的进一步延伸与拓展，具体定义为：在机、电、光、磁等诸多因素构成环境中，任何两点或多点之间的电气连接设计与制造，其主要包含系统级、整机级、部件级、元器件级等不同层次的电气互联制造技术。

电气互联技术是为适应新一代电子装备制造的设计需求与制造的发展需求，特别是以表面组装技术(SMT, Surface Mount Technology)为代表的先进组装技术的不断成熟发展而应运而生的。经过近些年的发展，如今的电气互联技术已经逐步发展形成一门跨学科、综合性的新兴工程科学制造技术，且正在向着高密度组装、立体组装、三维高密度组装、微机电系统组装、虚拟互联和虚拟组装等方向不断拓展，其科技含量不断提高、技术更新逐步加快，对推动高端电子装备的实际制造具有重要的意义和作用。

电气互联技术是综合性的多学科交叉的新技术，其涉及的基础学科有材料、物理、化学、电子、机械、测试、控制、系统工程等，其基本研究内涵主要包括：互联材料、元器件、互联基板、工艺、设计、设备、测试、系统及其管理等，涉及到互连、封装、组装、焊接、装联等制造环节以及各种互连工艺、金属陶瓷等封装工艺、插装贴装、表面组装及微组装等工艺、工具焊、波峰焊、再流焊等焊接工艺、线缆箱柜等的装联工艺等。

其主要制造工艺技术则包括了新型元器件组装技术、特种基板技术、多芯片微系统互联技术、三维布线技术、高密度组装技术、立体组装技术以及互联质量保障技术等。

迄今电气互联技术的发展，已经经过了手工组装、半自动、自动化

组装等不同的历史阶段，美国、日本以及欧洲在 20 世纪后期重点发展以表面组装技术(SMT)为主的电子互联技术，使电子装备的制造水平和质量得到显著提升，在技术上处于领先地位，如 20 世纪 60 年代到 90 年代欧洲的可表面组装微型器件、美国的无引线陶瓷芯片全密封器件(LCCC)、日本的芯片尺寸封装器件(CSP)等。当前，美、日、欧正着力在光电互联技术上加强研究并使技术不断走向成熟，在基于带状光纤、集成光波导以及结构功能件方面的互联技术取得了进展。

我国电气互联技术的发展，自 20 世纪 70 年代至今，跟随全球电子装备先进互联制造技术的步伐，从小型化、高性能、微型化、低成本逐步走向当前微组装、高密度组装、立体组装、光电互联、结构功能件互联的新阶段，表面组装技术(SMT)不断得到发展提高和普及，为高端电子装备制造提供了有力支撑。同时，仍有一些关键技术需要加强自主研发，从系统制造的角度去解决好设计、材料、制造装备、工艺、数字化制造等方面的问题。

从设计制造角度看，电路模块的互联可靠性设计是重要前提，其设计内容包括：元器件与互联材料、工艺方法的选择，互联组件结构与机械的可靠性设计，热、电路性能可靠性设计，电磁兼容设计，振动、冲击、热应力下的动态特性设计，布局布线及抗干扰设计等。而采用表面组装技术(SMT)的焊点虚拟成形技术也是工艺流程中的重要环节，其内容包括焊点虚拟成形与可靠性预测、应力应变分析、焊点寿命预测、组装故障检测与分析、实时质量监测与控制。

从系统与整机级电气互联技术看，电子整机的三维布线技术，是在整机或系统的三维空间里实现终端、接插件和焊点之间电线电缆的连接技术，该技术可以替代传统的经验设计和手工布线，借助计算机辅助手段，实现三维布线 CAD，解决空间布线路径优化设计问题。但在电磁

兼容等方面还需要克服依靠经验设计、现场测试和调整等人工手段，从而才能够实现进行电磁兼容分析的三维自动布线技术。

从未来发展趋势来看，电气互联的系统性设计、制造需不断加强，复杂电子设备各种制造技术之间的相关性、相互依赖性逐渐增强，配合程度、要求不断提高，系统性问题成为复杂装备发展的突出问题。而高密度组装集成所带来的连接密度、功率密度增大问题，造成了热设计、热控制与管理难度越来越大，电子元器件之间的电子干扰问题也都日益突出，因此隔离屏蔽应予以重点考虑，且这些问题已成为制造过程中必须解决的技术难题，将随着光电互联等新技术的突破得到不断推进和发展。

（二）表面组装技术(SMT)

表面组装技术(SMT，Surface Mount Technology)是高端电子装备制造中电气互联部分不可缺少的重要组成部分。现代典型的电子装备制造系统中，主要包括焊膏印刷机、贴片机、回流焊设备、波峰焊设备以及自动光学检测设备(AOI，Automatic Optic Inspection)等。图 4-11 为 SMT 生产线及生产设备。

图 4-11　SMT 生产线及生产设备

表面组装技术在现实制造中的具体问题：例如因为元器件引脚间距小，致使连接焊点微小，焊点的组装质量比较难以控制，焊点既要保障元器件与 PCB 的机械连接，又要保证电连接，由于电气互联的基本要求，对焊料供应、合理焊点等提出了更高、更精密的要求。在电气互联中结构布局对于电路模块的动态影响巨大，涉及到电性能、温度分布、应力应变等，且这些均是电气互联及表面组装中需要考虑解决的重要问题。

我国自 1985 年引进 SMT 生产线已 30 年，经过长期的不懈努力，在 SMT 设备的研发上取得了明显进步，但在高中档贴片机的关键设备的自主发展上始终没有取得重大突破，仍然依赖进口，对于我国高端电子装备制造的制约影响严重。截至目前，我国在高中档贴片机的研发上，仍然存在部分技术难题难以突破、企业持续研发资金投入不足、缺少综合性研发人才和梯队等系列问题和障碍，制约着我国高中档贴片机自主研发和产业化的进展步伐。其最主要的原因是，贴片机是高新技术产品，且往往涉及大量综合性的技术难题需要攻克，如基座结构性能的稳定性、伺服系统高速驱动的精确性、贴片吸嘴质量和材料性能，而国内的工业制造基础相对薄弱，无论是配件还是制造件，都无法与国外相比；另外，就市场而言，国外领先一步，如美国、日本等国家，形成了良好的产业发展生态，技术储备、人才储备、产品储备均先于国内，往往导致国产产品刚刚研制出，国外产品就已经升级换代，企业缺乏恒久良性的生存发展生态链，严重制约着研发的积极性和资金投入；而同时在贴片机研发的背后，需要总设计师或技术负责人具有跨学科的综合性知识和能力，我们的拔尖人才和领军人物比较欠缺，相关政策和举措也不得力，致使国产贴片机的发展受到很大程度的影响。

根据相关资料统计，我国目前 SMT 生产线大约达到 5 万条，贴片机总数达 10 万台，自动贴片机市场占全球的 40%，已经成为全球最大的贴片机市场。但是，高中档贴片机仍依赖进口，主要进口国为日本、韩国、德国等，其中典型的代表有 ASM 太平洋科技有限公司(ASMPT)推出的 SIPLACE X4iS 贴片机和韩国三星的 EXCEN FLEX 贴片机，具有强大的全自动功能和作业灵活性、高速贴片速度等特点。

随着国内 SMT 技术和相关设备制造水平的不断提高，一定市场成熟度的不断发展，我国有望在自主高中档贴片机方面取得进展，逐步来替代国外同等性能的生产设备。

(三) 光电互联技术

随着电子装备制造中的集成度、布线密度、组装密度和工作频率、信号频率的不断提高，对于电气互联技术的需求也越来越高，传统的电气互联技术在解决高密度组装、连接密度增加、功率密度增大、散热、电磁干扰等方面的问题时存在着难以克服一些技术上难以逾越的障碍。

为此，采用光纤技术结合传统基板制造技术，利用光传输频率高、抗电磁干扰等特点，克服传统电气互联中寄生电容、延迟时间和信号串扰等问题，开展光电基板布设技术、制造技术和光电信号传输检测技术为一体的光电互联技术，解决传统电气互联技术发展瓶颈。

光电互联技术的主要特点，是通过光信号传输，将光源、互联通道、收发器等组成部分连接起来，形成高速、高效、抗干扰的信息传输，具有可独立传播、三维空间自由传播等突出特点，光电信号之间的转换也比较容易，光、电传播同样采用电磁波的形式，电路的逻辑

相互作用也以电子实现，其技术难点是要解决器件制作技术和成本等问题。

光电互联技术主要包括光电互联设计与工艺、印刷电路板、光电元器件封装设计与工艺等，其组成模块主要由光发射器件、光接收器件和光传输器件组成，采用光纤进行连接，通过光电转换实现光信号和电信号的转换，通过基板和光纤的组合实现立体互联，增加了组装密度，提高了互联效率。

目前，美国、日本等国投入了很大精力开展光电互联技术的研制，在基于带状光纤、集成光波导的光互联技术上取得进展，在单通道、多通道光电互联技术的研究上积极推进，但其却也存在着需要解决光源与探测器集成、光损耗和互联密度问题、全息光互联信号处理、光探测器对准、可靠性设计、封装组装工艺兼容等难题。

我国光电互联技术的研发处于起步期，以理论研究和实验探索为主，对于组件、系统级的光电互联技术的研究刚刚起步。图 4-12 为“天河二号”采用的光电混合互联技术。

图 4-12　“天河二号”光电混合互连

四、电子封装技术

随着集成电路技术和产业发展，对电子封装提出了更高的要求，高度集成化、多元化、规模化的发展趋势，使芯片的封装技术得到进一步发展。微电子制造在系统集成上主要追求的目标是性能，但系统集成高度多样化之后，将主要追求用功耗最小化来推动 IC 设计，在有限空间中实现多种技术的异构集成。异构集成的基础依赖于“延续摩尔定律(More Moore)”器件与“扩展摩尔定律(More than Moore)”组件的集成。根据摩尔定律，这些组件增加新的非 CMOS 功能但不按比例缩放或显现。对此，SoC 技术(System on Chip，片上系统)、SiP 技术(System In a Package，系统级封装)、SoP 技术(System On Package，封装级系统)成为系统集成的主要技术，是高端电子装备制造的关键技术之一，对于电子装备制造的作用越来越大。

电子封装技术的发展，与制造精密和复杂性的提高密切相关。例如，光电子器件耦合封装中的三维空间的高精度光学对准，传统的方式依赖手动，随着封装密度的增加，对光刻机的定位精度、对准精度提出更高要求，制造要求提高，热问题也同样凸显，现在只有通过先进的电子封装技术才能予以解决。

目前，我国从事电子封装的企业总数达 330 余家，所涉及的业务范围有集成电路封装、半导体分立器件封装、封装外壳、封装塑料、引线框架、引线与封装模具及专用设备等，且它们都具备一定的电子封装生产能力。同时，全国开展电子封装技术研究的科研院所大约有 39 家，主要从事金属陶瓷封装、塑料封装、光电子封装、混合电路封装、管壳研制、封装材料与设备研制、引线框架、封装与测试技术研究与服务等。与世界一流电子装备制造强国相比，在技术研发、生产制造上的差距仍

然较大。图 4-13 为电子封装技术若干示意图。

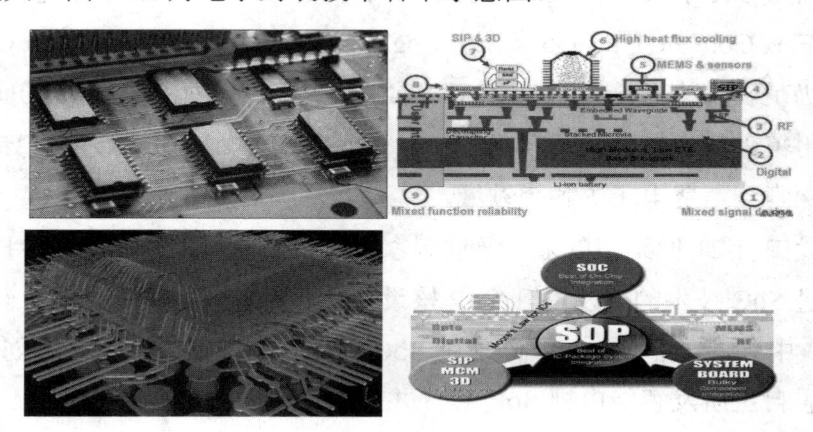

图 4-13　电子装装技术若干示意图

(一) SoC 技术

SoC 技术，从狭义上讲是信息系统核心的芯片集成，即将系统关键部件集成在一块芯片上；从广义上讲是一个微小型系统，一般定义为将微处理器、模拟 IP 核、数字 IP 核和存储器(或片外存储控制接口)集成在单一芯片上。

SoC 技术有两个显著特点：一是硬件规模庞大，通常基于 IP 设计模式；二是软件比重大，需要进行软硬件协同设计。SoC 在单个芯片上集成了更多配套的电路，节省了集成电路的面积，也节省了成本；片上互联高速、低耗，速度明显加快；SoC 在性能、成本、功耗、可靠性及生命周期、适用范围方面都有明显优势，是集成电路设计发展的必然趋势。

SoC 技术是以超深亚微米工艺、IP 核复用技术、软/硬件协同设计和相应的 EDA 工具为支撑形成的，超深亚微米物理设计与分析、IP 核的复用和 SoC 的设计与验证是当前 SOC 设计研究的三个主要问题。

国外 SoC 技术研究自 20 世纪 90 年代起步，如 1994 年摩托罗拉发布的 Flex Core 系统、1995 年 LSI Logic 公司为索尼公司设计的 SoC 等，至今仍是研究热点。美国 NASA、IBM 等积极投入对 SoC 技术的研发，其应用覆盖从通信设备、精确制导、智能控制等航空航天、新型导弹、星际探索到消费电子等各个领域。

我国自 21 世纪初以来，通过国家自然科学基金委、“863”项目等积极推进 SoC 技术的研发，但在 IP 核设计、工艺规模上与国外差距较大，华为、中兴、创维等公司不断加强 SoC 技术方向的研发投入，如创维联合海思自主研发智能电视 SoC 芯片并投入量产，正在努力追赶世界先进水平、缩小差距。

（二）SiP 技术

SiP 技术是一种新型封装技术，是将多个具有不同功能的有源电子器件、可选择的无源元件及 MEMS 或者光学器件，组装成可提供多种功能的单个标准封装件，形成一个系统或者子系统。

IC 封装的发展经历了一系列过程，从双列直插式封装(DIP)、四边引线扁平封装(QFP)、球栅阵列封装(BGA)、和芯片尺寸封装(CSP)，到现在的系统级封装(SiP)。系统级封装技术 20 世纪 90 年代提出，到现在已被学术界和工业界广泛接受，成为国内外电子领域研究热点，并被认为是今后电子技术发展的主要方向之一。

SiP 技术的要素是封装载体与组装工艺，包括 PCB(Printed Circuit Board，印制电路板，又称印刷线路板)、LTCC(Low Temperature Co-fired Ceramic，低温共烧陶瓷)、SiliconSubmount(硅子镶嵌芯片)、Wirebond(压焊)和 FlipChip(倒装芯片)和 SMT(Surface Mount Technology，表面组装技术)设备等。

SiP的基本构件，是兼容不同制造技术的IC芯片和无源元件，包括Si、GaAs、InP和模拟、射频、数字IC芯片、阻容元件、光器件、MEMS等，将其在一个封装中密封达到系统集成级封装。工艺和材料上，采用基板挖凹槽镶嵌芯片降低封装厚度，常用材料为RF4、LTCC、Al/SiC颗粒增强金属基复合材料等。连接上，采用多芯片堆叠的3D封装内系统集成技术，实现裸片到裸片的直接连接，空间小、焊点少、省走线、带宽宽、电性能稳定。

SiP的优势，首先使封装效率大大提高，在同一封装体内叠加多个芯片，从而大大减少封装体积，两芯片叠加使面积比增加到170%，三芯片叠装可增至250%；其次，可以实现不同工艺、材料制作芯片封装形成一个系统，比如可以将Si、GaAs、InP的芯片组合一体化封装，使之具有很好的兼容性，并可实现嵌入集成化无源元件的优化组合；另外，可使多个封装合而为一，减少总焊点，显著减小封装的体积、重量，缩短元件的连接路线、提高电性能；此外，可提供低功耗和低噪声的系统级连接，大大缩短产品投放市场的周期。

SiP主要应用在射频、传感器、网络、计算机及卫星、雷达等军用装备方面，微晶片的减薄是其面临的主要挑战。此外，运用适当的计算机辅助设计工具(CAD)进行电子、机械、热综合设计，也是实现封装与互联的关键与前提。

美国、欧洲开展SiP技术研究较早，如20世纪70年代到90年代的多芯片模块技术、并行处理器技术，应用于高性能计算机，以及自动传感器系统等。20世纪90年代美国已经将该技术作为重点发展的军民两用技术之一，如F-22战斗机的第六代TR组件，采用SiP技术，实现了无源器件的内埋和3D集成。此外，在小型化弹载计算机、航天计算机、机载导航计算机以及汽车制造的MEMS设备、工业设备、医疗设备中均有大量的 SiP 技术应用。

我国的相关研制工作起步较晚，重点集中在多层基本制造、微组装与封装、封装测试等方面，在系统级封装的选型、设计、模型建造、分析服务等方面积累了一定经验，在高密度 3D 封装、可靠性、可制造性基础研究及一些关键技术上取得一定进展，同时也面临着系统协同设计、热管理、新材料开发、新工艺研究(如硅通孔 TSV、新型引线键合工艺、原片键合技术等)等挑战。

(三) SoP 技术

SoP 是一种系统集成技术，是在单个封装内综合计算机处理、通信、生物电子功能、消费电子集成的高度小型化系统技术，通过短时间内封装集成系统级器件完成小型化。

SoP 从传统的分立组件互连变为利用多层薄膜元件和封装技术，将微波与射频前端、数字与模拟电路、存储器、光器件与微米级薄膜形式的分立器件等多个模块集成在一个封装内，是一种二次集成。

SoP 具有以下特点：

(1) 多种集成元素兼容性；

(2) 高密度集成；

(3) 节省材料；

(4) 制造管理流程省；

(5) 节省研发成本。

此外，SoP 的另外一个最大优点是与 SoC 和 SiP 的兼容性，即 SoC 与 SiP 均可以视为 SoP 的子系统，一起被集成在同一个封装内。将 SoP 技术运用到无线收发机设计中，整合嵌入式无源器件等便可以对射频组件提供完整的封装解决方案，即 RF-SoP。SoP 在射频领域的发展，使得

以后的移动通信业有可能进一步降低成本，并不断地减小尺寸。

总的看来，以3S技术(SoC、SiP、SoP)为代表的电子封装技术的发展，适应了电子装备系统向更高集成度、更高性能、更高工作频率方向发展的需求，且立体封装已经发展成为主流的封装技术，在微机电系统(MEMS)、多核处理器、FPGA等中得到广泛应用。其中，SiP技术的发展堪称逐步成熟，代表着今后一段时期发展的主流方向，涉及芯片堆叠、圆片级封装、硅通孔、埋入式基板、微凸点/铜柱、倒装等多种技术的整合，是电子封装技术的典型代表。

五、高密度机箱机柜设计制造

机箱机柜是电子装备的重要载体，传统的电子装备制造，对机箱机柜的制造要求不是很高，主要从结构、性能、电磁兼容及散热等方面出发考虑设计和制造。

而随着电子装备元器件增多、体积变小、使用范围广、环境复杂的需求提高，高密度机箱机柜的设计制造成为一个需要高度重视的重要问题，同时，对高密度机箱机柜的设计、制造、工艺、可靠性要求也在不断提升。

以雷达高密度机箱机柜的设计制造为例，对设计、制造、安装作简单概括。

其设计要求主要体现在以下几个方面：

(1) 结构性能上，要符合相关国家标准或国家军品制造标准，性能指标要在设计和制造中予以保障；机箱机柜的设计要符合人机工程原理和使用实际要求，特别是显控台和带显控台的机柜的设计。

(2) 电磁兼容问题上，应充分考虑电子设备元器件、零部件、组件

与系统之间的电磁设计；热设计，应对散热材料、方式和制造结构予以系统化设计；可维修性，根据电子设备的实际使用情况，应充分考虑在空间范围合理的情况下，方便进行后期的维修服务操作等。

(3) 人机关系设计，是设计环节中要予以重点考虑的因素之一，与造型、色彩、比例、尺寸、均衡、稳定以及与人的视觉、听觉、触觉、及运动原理、噪声、振动、工作环境与温度等以及造型美学等都有十分密切的关系。

此外，在设计安装中还涉及模块化设计、结构设计、热设计及机柜、插箱、插件、附件的焊接、安装等具体制造程序，对机箱、机柜的尺寸、结构形式、插箱插件的具体安装、工艺要求等均有不同的标准要求，并随着电子装备在不同载体平台上的实际功能使用和综合化布局需求而具体确定。

又如，我国高性能计算机“天河二号”在高密度组装上，采用双面双向对插方式组装，中板电互连为系统提供直流母线，正面 8 个组合刀片，分别包括互连刀片、以太网刀片和管理刀片，背面 8 个刀片中包含有 2 组电源模块，组合刀片采用刀片齿轮齿条浮动共面左右盲插。同时，自主设计生产了 15 种最高层数 22 层的 PCB 板，实现跨背板的多路 14 Gb/s 串行信号传输。模块化的设计也保证了同一架构支持多种配置，提高了系统的灵活性，是插件与插箱组装的一个典型设计制造案例。

六、精密超精密加工

精密超精密加工随着电子装备高频段、高增益、高密度、小型化、快响应和高指向精度的发展趋势，对其机械结构精度提出了更高的要

求，在精净成形、近无缺陷成形技术、超高速加工技术上形成的制造加工新技术，其制造精度达到微米级、亚微米级、纳米级。其中，纳米级的超精密加工技术和微型机械技术被认为是 21 世纪的核心制造技术和关键技术。

其主要技术包括加工机理、加工设备制造技术、加工刀具及刃磨技术、测量技术和误差补偿技术等。其发展趋势：向更高精度、更高效率方向发展；向大型化、微型化方向发展；向加工检测一体化、机床多功能模块化方向发展；探索新原理、新方法、新材料。

当前的最新进展为：国外采用金刚石刀具已成功实现纳米级极薄层的稳定切削，超精密磨削加工和研磨加工，其表面粗糙度可达 9 nm，超精密特种加工已制造出精度为 2.5 nm、表面粗糙度 4.5 nm 以下的大规模集成电路芯片。

装备制造中的具体应用举例如下：

(1) 雷达制造。雷达装备制造中，天馈部件、收发组件、机电液旋转关节、高精度微波功能薄壁件、曲面件等复杂零部件的制造，均需要精密超精密制造技术，其实际使用的具体技术包括高效无损切削技术、精密塑形成形技术、精密铸造技术、高性能微波介质材料加工、激光高能束加工、深孔加工等技术。

(2) 天线制造。例如，某平板裂缝天线加工制造中，要求波导加工误差不超过 0.05 mm，加工要求更加苛刻，这就要采用超精密加工技术；大型天线高精度制造上，要解决机械结构设计与电性能满足之间的矛盾，实现机电耦合设计，通过理论建模、仿真计算、优化设计研发数字化模具，在高精度面板制造及涂装工艺、骨架结构设计制造、天线座装配工艺等方面满足设计需求、达到性能指标，需要解决好工艺误差、焊接变形、精度检测等问题；又如，薄膜天线制造中的“形”与“态”耦合、索网连接、索膜连接处理等，口径为米级、制造精度为微米级，拟建的新疆 110M 天线 QTT，其工作频段为 150 MHz～115 GHz，自重大约 5500 吨，反射面大约有 26 个篮球场大，发射面分块数大于 7600 块，国内单块制造水平为 0.07 mm(1.4 m^2)，其对高精度制造的要求很高。

(3) 其他制造。微封装的微波部件超精密加工、高频段的馈源网络精密加工、复杂构件的炉钎焊和太赫兹天线的架构件精密加工等，均是精密超精密加工技术的重要应用。

美国、日本在精密超精密加工技术上一直领先，美国最早开发出金刚石刀具的超精密切削技术，并制造出相应的超精密机床，且将精密超精密加工应用在激光核聚变发射镜、导弹、航天用球面非球面大型零件等装备的制造中；日本的精密超精密加工主要以民品为主，用于声、光、电、图像以及办公设备的小型、超小型和光学零件的加工制造上。如今，为适应对新型或特种功能材料以及精密、细小、大型、复杂零件的需要，发达国家正大力研究与开发各种原理不同、方法各异的加工与成形方法，目前在机械制造中采用的成形工艺已达 500 种以上，特种成形工艺也达百余种。

我国的精密超精密加工与发达国家相比，目前的现状是工艺技术落后，在一些单项技术上取得了一定突破，但复杂度难度高的技术还有待攻克，而装备制造才开始实施，急需将一些成熟或比较成熟的精密加工和精密成型技术推广到实际中，提高加工制造的技术水平。

七、热设计与热控技术

热设计与热控技术的主要目的是，解决在电子装备小型化、高集成度、高性能发展趋势下，由于结构、工艺、组装等多方面密度的增加而

带来的散热问题，防止电子装备热失效，保证一定温度范围内、最高功耗设计允许值下的正常工作功能的发挥。

热设计的基本要求是：良好的冷却功能、工作可靠性、适应性、维修性等。通常采用的冷却方式主要包括：风冷、液冷、蒸发、热电制冷、冷板、热管等。

统计表明，大约 55%的电子产品失效是由于过热或是由与热相关的问题导致的，器件的失效率随着温度的升高呈指数增加。因此，为降低器件工作温度、改善器件热性能、提高可靠性的电子封装，热管理必不可少。在设计过程中需要综合考虑系统应用要求和芯片、封装中内部热量产生机制，深入优化封装设计与各级热传导机制，开展元件级、板级、组件级和系统级的热管理设计与优化，探索微电子封装的前沿热控设计和材料工艺集成技术，这些是高密度、多功能系统热设计与热控技术的重点。

以雷达制造的热设计与热控技术为例，传统的液冷、风冷设计是热控设计的主流。然而，随着雷达系统功率密度的进一步提高，仅面向雷达的系统级热控设计，已经不能有效解决功率密度越来越大的高密度电子器件或组件的热管理以及工作可靠性问题。当前，雷达组装密度、功率密度不断提高，大型相控阵雷达 TR 组件、机载大功率发射机、星载 TR 组件相控阵天线等的散热问题已经越来越突出，成为制约雷达制造技术进一步发展的瓶颈。

雷达装备热设计与热控技术方法，主要有自然冷却、强迫风冷、液体冷却、蒸发冷却、热管、射流、微通道冷却或喷射冷却甚至热电制冷等方式，各种方式的设计使用均有不同的优缺点，有的采用综合化的冷却方式，运用传热学和流体力学基础理论，进行热设计、热设计仿真、热测试。

又如，“天河二号”采用封闭循环水风冷混合散热技术，在热设计与热控方面取得显著进展。大规模系统的散热技术面临着性能和效率的双重压力。随着“天河二号”系统集成度的不断提升，芯片、插件、机柜、系统的功率密度不断增大，而散热部件可用空间不断减小；超深亚微米器件的亚阈值泄漏电流与温度相关，低功耗设计期望能够降低工作温度；大规模系统的可靠性和可用性与温度相关，缓解可靠性不强问题期望降低工作温度；冷却系统功耗占全系统功耗的30%以上，缓解功耗大也期望减小冷却系统的用电。

“天河二号”系统采用封闭循环水风冷混合散热方式，插电级器件采用风冷方式，机柜级采用水冷，还设计了新型微流体散热片，支持单芯片300W以上的散热。计算机散热风扇与空调风机合并，降低了系统功耗，减小空间；单机柜风机并联、多机柜风机串联的冗余设计，提高了系统可靠性；左右通风，最小化送风路径，最大化过流面积；气流封闭循环，降低机房环境温湿度要求，减小系统噪音。总体的热设计与热控技术得到了广泛应用。

我国热设计和热控技术，随着高端电子装备和重点行业装备制造的发展，不断得到提升。我国装备制造业基本保持着平均每年17%的增长速率，但仍存在许多由关键构件疲劳造成的问题和事故，其中，热设计与热控技术的实际应用与推广，是制约制造水平提升的瓶颈。

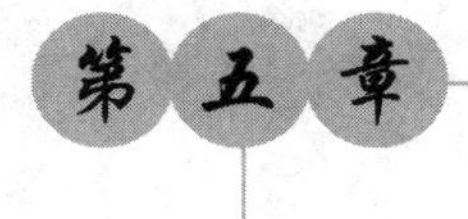

协同创新与管理

我国高端电子装备制造，经过半个世纪，尤其是改革开放 30 多年的发展，从最初通信、计算机、雷达、集成电路等单一领域的起步发展、逐步壮大，到如今向着高速移动通信、高性能计算、下一代网络、大数据、云计算、物联网、工业互联网、智能制造等热点与前沿领域不断迈进，综合化趋势、融合化发展、智能化引领，已成为其未来演进的大体方向，成为支撑《中国制造 2025》、推进两化深度融合、引领国家制造业迈向“工业 4.0”更高阶段的重要支撑之一。

当前，我国高端电子装备制造的现状与问题：**一是**无论是硬件条件还是软件条件、系统整机制造还是关键零部件生产、设计仿真还是测试保障等，均与全球一流制造水平有较大差距；**二是**由于我国工业基础比较薄弱，工作母机、加工工艺、材料等诸多环节和制造要素上仍存在一些突出问题，自主创新的步伐仍较缓慢，大量的生产制造仍然停留在中低端、重复性、低水平的层次，迫切需要解决协同集成、突破关键共性技术；**三是**在管理体制与机制的协同创新方面，需要优化运筹，整合资源、融合要素，通过学科之间交叉融合、制造过程有机衔接、管理高效组织实施等方式方法，切实推进高端电子装备制造的协同创新。

为实现我国高端电子装备制造的跨越发展，必须在结合现状实际的情况下，着重考虑突破制约瓶颈、实现自主发展的路径与可行性，通过

解决制约协同创新的关键性问题，加强协同创新与管理，为未来 10 年乃至更长远的发展规划蓝图、制定举措。

一、协同创新与高端电子装备制造

简单地说，协同就是协调、协作、合作，它指的是协调两个或者两个以上的不同资源或者个体一致完成某一共同目标的过程。协同并不是新生事物，它是随人类社会的出现而出现，随着人类社会进步而发展的。在改造自然、提高劳动生产率的过程中，通过分工、协作达到分工与协作的高度统一，且实现生产力与生产关系的和谐一致后所达到的一种理想状态，也是辩证统一的合理状态。

协同理论亦称为“协同论”、“协同学”或“协和学”，它是 20 世纪 70 年代以后在多学科研究的基础上逐渐形成和发展起来的一门新兴学科，是系统科学的重要分支理论。协同理论主要研究的是远离平衡态的开放系统在与外界有物质或能量交换的情况下，如何通过自己内部的协同作用自发地出现时间、空间和功能上的有序结构。协同论以现代科学的最新成果——系统论、信息论、控制论、突变论等为基础，采用统计学和动力学相结合的方法对不同的领域进行分析，提出了多维相空间理论，建立了一整套的数学模型和处理方案，以描述各种系统和现象中从无序到有序转变的共同规律。

协同的基本特征是系统性。客观世界存在着各种各样的系统，包括社会的或自然界的，有生命的或无生命的，宏观的或微观的系统等。这些看起来完全不相同的系统，其实都具有惊人的相似性：协同是其产生并有机运转的关键因素，能够产生“1＋1＞2”的效果。

今天，协同不仅包括人与人之间的协作，也包括人与机器、不同应

用系统、不同数据资源、不同终端设备、不同应用情景之间的全方位的协同。协同效果也呈现出一种大于个体之和的群体智慧。恰如蚂蚁和蚁群的案例：单只蚂蚁是没有智慧的，它只能够完成非常有限的工作，但是一旦蚂蚁的数量和构成达到一定规模，且让蚂蚁作为一个群体而不是个体行动时，它们就会表现出超过个体之和的极大智慧，完成生产、战争、繁育等复杂的社会性工作，这种智慧就是群体智慧，而这种群体智慧甚至可以通过蚁群实现代代相传。

高端电子装备制造的协同，是指在实现信息共享与管理控制的高度协调之后，对传统生产力要素的优化整合，以知识创新、技术创新为纽带，达成信息时代对制造业的信息化、智能化提升，从而实现传统工业制造的转型升级，在生产工具、装备制造上实现数字化、网络化、智能化的提升与创新，提高生产力的水平和实力。

协同创新是一种崭新的组织管理模式。高端电子装备制造需要通过协同、统筹，解决我国在中低端重复建设、低水平模仿、对外依赖严重、自主创新能力不足等方面的突出问题，从体制和机制上为大幅提升制造水平和实力提供强有力的保障。正如《中国制造 2025》所规划的“三步走”战略目标，应当有步骤推进、有计划发展，即结合实际，规划长远，从现阶段起步，强化工业基础，补齐“工业 2.0”的不足，从数字化制造切入，朝网络化制造发展，向智能化制造迈进，推动高端电子装备制造实现跨越发展。

二、制约高端电子装备制造协同创新的问题

（一）依赖进口、“缺芯少智”

我国制造业现阶段的状况是“大而不强、缺芯少智”，高端电子装

备制造尤其如此，在硬件、软件上“缺芯少智”，在设计、制造、测试等诸多环节上缺乏自主的工具软件、工作母机以及高水平、高质量的加工工艺，整机制造、元器件、零部件等仍在很大程度上依赖进口，在主要核心技术上处于跟踪、模仿，始终受制于人，自主创新步履维艰。

“十二五”期间，国家十六个科技重大专项的实施，对提升国家自主创新能力、推进创新驱动发展战略起到了十分重要的作用。然而，芯片大量依赖进口、高端设计工具软件缺乏、国产操作系统难以发展的现实问题依然存在，系统设计水平亟待提高、制造工艺与质量需要提升、共性关键技术需要突破等突出问题亟待解决，高端电子装备制造面临全球新一轮科技与产业革命的挑战。

（二）各自为战、融合不通

从高端电子装备的未来发展看，装备功能不断升级，单一功能的电子装备正逐渐发展成一个功能综合体，能同时满足通信、导航、定位等不同使用需求，电子装备性能综合化趋势更加明显。整体性能上，高端电子装备已呈现出软、硬融合的一体化趋势。在设计制造中，不但需要提升硬件性能，更要注重电子装备的软环境建设，软件和硬件协调发展。因此，需要协同零部件、整机和系统之间的关系，使零部件能够满足整机的性能指标，让不同设备组成的系统可以实现最优化运行。

高端电子装备正朝着一体化、综合化、智能化方向发展，通信导航、雷达探测、智能天线、计算网络、微电子制造之间相互支撑、相互融合的趋势越加明显，多学科交叉融合需求旺盛，但学科领域之间的协作、协同缺乏，相互支撑不够紧密。

（三）智能引领、地位不够

从数字化、网络化制造逐步走向智能化的更高层次，是高端电子装备制造面向未来、提升跨越的必由之路。然而，目前高端电子装备制造地位未得到高度重视，在制造业重点领域的作用未能充分发挥，特别是在制造工艺、技术突破上缺乏实质支撑，平台建设不够，投入少，制造加工水平难以大幅提高，智能引领、地位不够。

《中国制造 2025》提出十大重点发展领域，新一代信息技术产业居于首位，且信息技术产业也是机械、电力、轨道交通、航空航天、生物医药等主干制造业智能化发展的强力驱动器，信息技术是实现传统制造业转型晋级、迈向工业 3.0、4.0 的关键，具有很强的渗入性和辐射性，发展电子装备、突出智能引领，对于加快我国智能制造的早日到来具有重要的战略意义。

（四）深度融合、力度缺乏

信息化与工业化的深度融合，集中体现在以高端电子装备制造为载体的信息技术与产业对重点工业行业数字化、网络化、智能化制造的改革提升上。当前，高端电子装备制造管理上的协同仍需加强，行业之间的壁垒仍需进一步突破，且亟待加强知识产权保护，理顺体制机制，破解协同创新制约难题。

军民深度融合方面，军地“两张皮”的问题依然存在，国家层面军民融合协调管理体制仍尚未理顺：军队、政府、军工企业等军地部门的认识程度、推进力度有差别，军民融合工作存在“碎片化”，合力不足；各推进主体更多从自身利益出发，跨部门、跨领域、跨行业的项目统筹协同难度大；牵头部门不明确或缺失，多部门分头负责，造成项目重复建设、资源难以聚合等问题。

三、实现协同创新和管理的路径

高端电子装备制造在国家制造业发展中具有重要的地位、发挥着不可替代的作用，其协同创新问题应给予高度重视。解决协同问题，涉及方方面面的资源与利益，而实现协同创新，更需要诸多因素的共同作用。本书结合高端电子装备制造的实际，从学科协同、制造协同、管理协同三个维度提出建议。

（一）学科协同

学科交叉是创新思想产生的源泉，尤其是现代科技进入大科学时代，学科交叉融合已成为有望取得创新突破的重要途径之一。

量子论的创始人普朗克说："科学是内在的整体，被分解为单独的部分不是取决于事物的本质，而是取决于人类认识能力的局限性。实际上存在着由物理学到化学、生物学和人类学到社会科学的链条，这是一个任何一处都不能被打断的链条。"因此，化学物理学、化学生物学、生物信息学、神经系统科学、纳米科学等交叉学科相继出现并不断发展。一些具有创造意义的重大成果均是在交叉科学领域取得的，而生物数学、粒子宇宙学、太空科学、环境科学、自然社会学等前沿领域和跨学科领域也是现代科学交叉融合、有机发展的重点，学科的整体化发展趋势凸显。

从我国电子信息科技发展现状看，微电子技术不断向集成度的极限发起挑战，中外代际差距并未得到明显缩小；计算机技术面临体系结构的重大发展变迁，高性能计算、分布式计算、冗余计算在市场上大面积推广，我国高端计算机性能不断提升；通信网络技术处于不断突破的发

展高潮期，普及性、消费性应用推广迅速，高端前沿技术处于不断探索之中；软件技术在高端电子装备应用中的比重不断加大，软件的战略意义凸显，未来发展前景看好。同时，通信、计算机、雷达、电子战、导航、定位、传感、天线部件、信号处理以及软件应用不断向着相互融合、相互支撑、相互作用的方向发展，学科的交叉融合越来越紧密，特别是在大系统如航母、潜艇、飞机、航天器等重大装备的研发设计、生产制造中的协作需求越来越迫切，对学科协同提出了更高标准和要求。

此外，与高端电子装备制造密切相关的数控设备制造、新材料、新工艺的发展变化，也对电子信息学科与其他传统制造学科、材料学科等多门类、多领域的学科的交叉融合提出了新的要求，知识体系与制造经验的衔接、开放、共享，人才能力与素质的培养、锤炼、提升，都与学科的高效协同紧密关联，加强学科面上的交叉融合，推进学科交叉基础上的自主创新，对高端电子装备制造以及其他高端重点行业的制造意义重大。

（二）制造协同

高端电子装备的制造涉及设计研发、基础材料与元器件、生产流程与工艺、检测与质量管控等主要环节。制造上的协同具体而复杂，不仅涉及原型设计、技术创新，也涉及工艺质量、流程控制，更与大量的材料提供商、配套生产商的材料质量、配套水平紧密相关。

从我国高端电子装备制造的总体情况分析，“十二五”期间，虽然在发展集成电路、平板显示、重大电子装备方面进行了努力探索，但CPU、DSP、存储器等高端通用芯片仍未实现规模化应用，集成电路制造工艺与水平仍落后发达国家2代，自主设计的产品占国内市场仅6%，集成电路基本依赖进口；玻璃基板、液晶材料、偏光片等关键材料的性能严重滞后，自主配套率不足20%；光刻机、刻蚀机、离子注入机等核心设备基本依赖进口；高端设计软件工具CAD、CAE、CAM以及工业控制软件 MES、ERP 等大多依赖进口，自主软件仅在企业管理层面占据主导地位，处于中低端水平；基础元器件、基础材料等如覆铜板、磁性材料、电阻器、电容器、PCB 等仍以中低端为主，电感器、传感器等普遍落后于国际水平 1～2 代。此外，高端电子装备制造产业已经初步进入到全产业链的竞争时代，企业的核心竞争力已经从单一技术和产品向平台服务和生态系统方向转化，产业链的完善构建能力和整合能力成为竞争成败的关键，软硬件统合与技术、资本、人才、系统的全要素整合，成为推进高端电子装备制造创新发展的崭新模式。

从制造生产的具体情况看，技术突破带来制造发展新趋势，也已成为制造协同中必须考虑的一个重要因素。例如雷达技术研发中的数字阵列、模块化、软件化需求不断加强，小批量、模块化、可重构、网络化、小型化的离散制造要求，对产品的生产、工艺、调试提出了新要求，新材料、新工艺乃至组织管理上的信息化、模拟、仿真、分析，均是制造生产中需要面对的挑战。又如，在安防监控设备的制造中，核心器件如感光传感器、视频处理芯片等仍依赖进口，我国企业仅能提供系统集成解决方案，自主研发国产的 SoC 芯片和软件技术迫在眉睫，且在材料与元器件自主研发供应的基础上，仍要面对制造流程中工艺的升级改造、流程优化与检验检测，从产品的全生命周期角度出发确保生产制造的质量和水平。

总之，制造过程的协同与主要制造环节紧密相关，与材料、工艺、设备、检测等重要因素密切关联，未来需要在智能设计、智能生产、智能管控、智能监测、智能服务等方面提供更高层次的协同制造手段，从而提高制造实力和水平。

(三) 管理协同

管理是一项系统工程，从顶层设计、整体布局、具体举措、保障条件等各个方面均有涉及。管理的协同不仅难度大、范围广，而且在实际推进中将遇到的既得利益干扰、市场或人为因素影响、政策与法规制约、文化与环境保证等方方面面的重重制约，实际中改革与推进的难度巨大，需要把准脉络、有序推进、突破重点、大力协同。

1. 两化深度融合

信息化与工业化深度融合，是国家近年来提出的制造业重大发展战略。从世界工业革命的发展历史看，美国抓住 20 世纪下半叶信息科学与技术发展的绝佳契机，通过不断占领信息技术高地、切实发展知识经济主体、着力推进信息化建设战略，使美国先进的技术与雄厚的经济实力领跑世界，创造了一个时代的辉煌。

从未来发展看，当前面临新一轮科技革命和产业革命挑战，发达国家纷纷出台以数字化、网络化、智能化为中心的发展战略，旨在继续占据未来发展的先机。我国工业化还未完全完成，工业基础比较薄弱，在制造业特别是高端制造业方面还存在很多不足，与世界先进水平相比有很大差距，要实现面向世界一流水平的学习借鉴、跟踪模仿、追赶超越，必须坚持走信息化与工业化深度融合发展的路径，并行发展、同步赶超，在两化深度融合的进程中突破瓶颈、强化基础、自主创新、全面推进。

国家近几年来先后推出的《2006—2020 年国家信息化发展战略》、《关于加快推进信息化和工业化深度融合的若干意见》、《信息化与工业化深度融合专项行动计划(2013—2018)》等，为加快推进两化深度融合规划了蓝图、明确了道路。同时，与政策配套的管理标准体系、示范推广、电子商务、物流信息化集成、重点领域智能化建设、智能制作生产模式培育、互联网与工业制造融合创新等重大项目和计划也都在积极推进之中。

此外，在推进行业和区域两个方面的信息化建设方面，开展了试验区示范、产业园区示范、中小企业整合发展、新技术推广应用、节能减排信息化试点等多项具体工作，企业成为两化深度融合的主体，技术创新、产品创新、提高生产效率、降低生产成本和能耗、实行数字化精细管理等不断取得新进展。未来，两化深度融合发展，更需要在新一代信息技术的引领下，重点突破共性关键技术、行业关键问题、智能制造与管理等诸多问题，通过信息技术和产业的发展，特别是高端电子装备制造的创新与提升，满足日益增长的智能化发展需求，落实两化深度融合的各项具体推进举措。

2．军民深度融合

当前，在新技术革命、新军事变革的大背景下，加强军民融合、实现军民两用，是世界各国优化资源配置、促进国防和经济快速发展的重要选择。

历史上，美国的曼哈顿、阿波罗计划，我国的两弹一星、核工业等，都是军民融合上的典型案例。世界各国推进军民融合，通过政策引导、法律构建、协同机制，建立基于市场竞争、有效调动企业积极性的融合体系，大力推进军民融合。例如，美国曾通过国会等政府部门，颁布《国防授权法》《联邦采办改革法》等法律文件；俄罗斯通过制定《俄联邦国防工业军转民法》，以法律形式确定“军转民”原则；英国国防部出台《面向21世纪的国防科技和创新战略》，鼓励民用部门参与国防工业的科研和生产。

举措上，营造开放、透明的公平竞争环境，鼓励各类高科技企业进

入军品市场，是各个国家利用市场调节作用加强军民融合的主要做法之一。以美国为例，相关军事装备的需求和国防预研信息，能很方便地通过政府和军方建设的商业机遇网、各军种采办网、国防部创新市场网和技术转移网等开放平台获取。俄罗斯不断完善军事装备采购流程，通过在采购活动中指定“竞争倡议人”、规定重大装备必须有两个以上竞争对手等措施，但是还要求军方实行最大化的公开竞争。

此外，实行大项目优先投资的军民结合战略，在军民结合中发挥的带动作用十分明显。如美国国防部发起的“国家导弹防御计划”，在2004财年的预算就高达 91 亿美元，有力地带动了军用和民用相关技术的发展；俄罗斯为解决国防科技工业发展缓慢、生产规模过于庞大、产能严重过剩等问题，重点通过对大项目的优先投资，实现了发展模式的转变；法国政府曾拨款 12 亿法郎，用于调动高科技企业参与军品开发的积极性，推动了电子设备、复合材料、机器人和控制设备等军民两用技术的开发；英国也曾对大力投资航空领域的两用技术计划、民用航空研究与技术验证计划。

我国军民融合经历了一个长期的发展过程。当前，在新军事变革大背景下，加强军民结合对共用技术进行研究开发，实现军民两用技术双向转移，是优化资源配置、促进国防和经济快速发展的重要选择。2016年初，中央军委成立军事委员会科学技术委员会，加强国防科技战略管理，推动国防科技自主创新，协调推进科技领域军民融合的发展。而我国军民深度融合的新进展也令人欣喜，如北斗卫星导航系统、航天领域、核电领域的军民融合发展等。

在北斗导航系统方面，我国从开始建设就一直十分注重自主研发的技术突破，并在卫星导航应用的理论和技术上都取得了显著进展。例如导航芯片、高精度定位、天线等关键技术的重大创新与突破。2014年，

40 nm 级导航芯片“航芯一号”研发成功，其尺寸仅 5 毫米见方，是国内首颗射频一体化 SoC 芯片，并且它的集成度高、功耗低、成本小；第四代高性能北斗 GPS 导航芯片研发成功，俘获灵敏度、跟踪灵敏度等指标达到国际领先水平；米级高精度定位手机研制成功等。目前，第一代芯片模块、天线等核心产品的主要性能已接近国际水平，价格大体相当。而在航天领域，根据统计，我国近年来开发的 1000 多种新材料中，80%是在航天技术的牵引下研制完成的；航天领域有近 2000 项技术成果已移植到国民经济各个部门；涉及电子、新材料、自动控制的 3000 多家企业参与载人航天的研究、生产，直接促进了这些企业的技术进步。

但同时也应看到，我国破解“民参军”的渠道还不够通畅、“军转民”的机制还不够健全，特别是新兴领域军民深度融合发展，还有很大发展空间。现在，由于面临全面建设海洋强国、航天强国和网络强国等历史重任，相关工作正在主要军工集团群体的努力下着力推进。

推动军民深度融合，可以在重点领域选择一批具有重大战略意义的军民两用技术，以重点项目规划为依托实施具体技术转移；通过完善现有法律体系，出台配套政策保证科技的融合，形成上下衔接、系统配套的法规体系；建立国家、部门和民间三层次的科技融合结构体系，实现国家顶层推动、部门横向联合、国家科研单位和民间组织共同实施。

3．技术与市场融合

技术与产业，既紧密相关又有所区别，学习借鉴国外成功的融合发展经验，对促进和加快我国技术转化与产业发展具有特别意义。

作为世界上科技实力最强的国家，美国信息技术与产业结合发展取

得了众多成功案例，包括互联网的诞生与发展、GPS 军民结合发展，以及美国军方项目与中小企业协同配合发展等，这些做法有力地促进了技术研发与市场推广之间紧密的衔接。其典型的成功经验包括：

(1) DARPA 的项目经理人制度

致力于重点投资以期实现核心与前沿技术突破的 DARPA，其管理是典型的扁平化模式。数据显示，DARPA 在 2015 财年的预算为 29 亿美元，拥有政府雇员 219 人，包括技术项目主管 94 人，设置了 6 个技术办公室，运行的项目有 250 个，与公司、院校、国防部和其他实验室签署的合同、赠与证书和其他协议超过 2000 份。DARPA 成功的核心在于其推行的项目经理人制度，这些项目经理人来自学术界、工业界和政府机构，都是各自领域的拔尖人才，任期通常限定为 3～5 年。DARPA 的项目经理人制度十分严格，一旦某个目标被认为是难以达到的，至少在当前技术条件下是难以达到时，资源就会重新流向那些有希望达到的项目。DARPA 技术创新的最终目标是致力于美国的国防安全，有一整套成熟的机制，能确保资助研发的技术在商用领域扎根发芽，进而再去发现军事应用价值。

(2) 高技术研究开发的硅谷模式

硅谷，如图 5-1 所示，位于美国加利福尼亚州旧金山以南圣克拉拉县帕洛阿尔托到圣荷塞市之间，它是世界上第一个高技术区。硅谷模式特点是以大学或科研机构为中心，科研与生产相结合，科研成果迅速转化为生产力或商品，形成高技术综合体。硅谷模式是一种自组织系统，其成功取决于以下几个因素：一是智力和高技术高度密集，二是集新技术的发明家和创业的企业家于一体，三是风险投资起着巨大作用，四是学生性风险企业家大有人在。硅谷已形成一个从创业到创新型经济发展的良性循环。

图 5-1　美国硅谷

我国产、学、研、用一体化发展已经走过了一段漫长路程，然而技术与产业脱节的现状并没有得到根本性改变。大学、研究机构、用户、市场之间的沟通依旧不畅、矛盾依然存在，造成的问题和存在的现象包括：实体制造面临空壳化、空心化、转型升级困难等危机；信息技术发展各自为战，尚未形成合力；在重点工业领域中，存在低水平重复建设的情况；各方打着保护知识产权的旗号，实际却形成了资金、信息流动的壁垒，联合攻关不够、技术共享不足；如何实现技术与市场的融合发展，还需要进一步寻找恰当路径予以妥善解决。

近年来，中科院西安光学精密机械研究所(简称“西安光机所”)，坚持面向世界科技前沿，面向国家重大需求、面向国民经济主战场，以创新驱动发展，大胆创新科技体制机制，拆除“围墙”、开放办所，探索“人才 + 技术 + 服务 + 资本”四位一体的科技成果产业化及服务模式。截止 2016 年 3 月，共孵化高科技企业 80 余家，初步建立起激光装备及制造产业集群、光电子集成电路芯片产业集群以及民生健康产业集群。被列为“中科院科技成果转化试点单位”“陕西省创新型省份建设试点单位”，并获评“国家级科技企业孵化器”。西安光机所在科技成果转化

方面做了有益的探索和尝试，值得思考、借鉴与推广。

4．国家政策立法

推动高端电子装备制造业的协同创新，政策立法、政府扶持十分关键。以美国为例，2009—2011年间，美国先后提出了《制造业促进法案》《保证美国在先进制造业的领导地位》《先进制造伙伴计划(AMP)》等法律和计划，明确把智能电网、民用航空、医疗器械、卫星导航及应用等高端电子装备制造业，作为其新一轮发展的战略重点，有力确保了其制造业的增长。

此外，俄罗斯的重型机械和武器制造、加拿大的轨道车辆和支线飞机制造、瑞士的精密机床和仪器仪表制造、瑞典的轴承制造、韩国的传播和电子设备制造等，其背后都可以看到政府的规划和政策扶持措施。

《中国制造2025》出台后，亟须在支撑战略发展的高端智能制造装备、自主芯片、高端软件、关键元器件及零部件以及与数字化、网络化、智能化制造密切相关的方向及领域制定具体举措，特别是结合“十三五”的重点技术与产业发展路线图，在重点工程上要有具体支撑计划，要在两化深度融合、军民深度融合、核心器件、关键部件、大数据产业以及软件产业等方面切实投入并加强建设，通过政策引导、立法保障，为制造业的转型升级提供实际支撑。

5．知识产权保护

知识产权保护是持续创新的必要保障措施，也是市场成熟度发展水平的一个重要标志。世界知识产权制度诞生已经有300多年的历史，最早从英国发源，后来在美国发展成熟，特别是在20世纪后期随着知识经济的蓬勃发展，不断得到完善。

加强知识产权保护，加快技术成果转化，著名的案例如美国1980年通过的“贝-多法案”，该法是确立了把政府资助的科研成果所有权转

交大学所有的统一的专利政策，极大地促进了美国大学科技成果的高效转化和商业化，实现了各方共赢的结果，具有里程碑式的意义。

我国在知识产权保护和技术成果转化等方面的工作长期推进，也取得了一些进展。然而，随着近些年新的信息技术和产业的飞速发展，全球ICT领域专利交易风起云涌，专利并购、知识产权保护、知识产权纠纷层出不穷，围绕此类的法律判赔也急剧增加，知识产权保护的重要战略意义也日益凸显。

然而，我国在这方面的立法、制度还未得到及时加强和完善，政府在政策上激励不够、保护力度偏弱，大多数企业缺乏大局意识和能力，高校及科研院所在专利转化上存在短板、转化动力不足。与国际相比，我国知识产权保护起步晚、力度小，尤其在知识产权保护的法律判赔方面与国际相比有很大差距。根据华为公司相关资料，我国与美国在知识产权保护的制度方面，均采用三倍赔偿原则，但是两国的计算基础不同，美国以实际受损值为基础，我国以非法所得为基础，导致我国知识产权平均判赔仅8万元人民币，而美国则平均为450万美元，而且我国采取谁主张谁举证的司法原则，在知识产权保护中难以实施。

从长远发展看，知识产权保护以及推进专利高效转化，是一项长期的艰巨任务，亟待对顶层设计、国家立法、实际推进等各个环节紧抓不懈，方能真正在协同创新的工作中取得最基础的支持和保障。

四、协同创新与管理的建议

创新的本质是对科学原理和规律的发现、掌握和应用，它也是一种创造。创新依赖于科学技术的发展和进步，人们通过科学技术活动揭示自然规律、认识世界、改造世界，科学的历史就是理解创新的历史，也

是认识世界的历史，科学技术活动是进行创新的基础。

协同的作用是解决个体或小规模群体的效能局限性，其目标是价值创造与互动，其前提是信息的自由传递。人类的发展从最初的狩猎、农业生产到后来的工厂制造、企业组织，再到如今信息高速获取、传递、储存、交互的网络式发展，正是基于协同工作模式的不断变化与提升，协同效率不断提高、生产规模逐渐增大、产品逐步丰富。协同的直接结果是实现了更大的创造价值，促进了信息的广泛沟通、交流、渗透，激发人类的创新潜能。以创新引领的全球化发展趋势，正在改变人类的工作方式、生产方式、生活方式和思维方式，成为推动社会向前发展的主要动力。

协同创新就是通过协同的方式把创新资源和要素优化汇聚，打破彼此之间壁垒，以实现资源、信息、技术、资本等的有机整合，并达到发现内在规律、突破制约瓶颈、实现集成倍增、系统统筹的效果。协同创新本质上也是一种管理创新，与原始创新、集成创新和引进消化吸收基础上再创新等三种创新不同，它更类似于“软管理”，即通过系统协同、要素整合、结构优化等方式使不同的创新主体在整个系统中达成一致，并构建新的稳定的结构体系，从而形成强劲内驱力，实现最终目标。因此，协同创新的主要工作是组织管理，而实现协同创新的关键在于子系统之间的相互作用，我们需要改变结构模式以加强各个主体间的相互协同与适应，进而提升系统的整体创新能力。高端电子装备制造的协同创新，要从设计、制造、管理等多个方面整体协调，注重顶层设计规划，推进学科交叉融合，建好软硬件基础条件，加强共享平台建设和关键共性技术攻关，平衡市场上、中、下游利益关系，构建协同协调的体制机制，通过协同营造出合理有序、配套分工、有机统筹的环境与氛围，鼓励创新、增强动力。

第一，国家应从制定规划、政策出发，进一步明确高端电子装备制造的顶层设计、未来目标、发展路径和支撑举措，着力解决《中国制造2025》发展战略所急需的芯片、软件(尤其是知识型工具软件)、网络、大数据、云计算以及其他关键元器件、零部件等设计、制造的重大问题，突出高端电子装备在制造强国战略中的地位和作用，将其放在应有战略位置予以高度重视，加强自主创新、打破对外依赖，从体制、机制上理顺关系，构筑产业良性发展、科学发展、长远发展的协同体系。

第二，加强学科交叉融合、促进产学研紧密结合，建设两化深度融合、军民深度融合的市场平台，通过建设行业联盟、学会、协会等方式，搭建共性关键技术集成攻关的协同平台，集聚学科知识、行业需求、技术难点、市场热点、人才资源等多重要素，构建起产学研用协同创新的长效机制，实现资源协调、技术共享、成果统筹的良好氛围和环境。

第三，加强国家立法，着力加强高新技术领域特别是电子信息科技领域的知识产权保护，尊重知识、尊重人才、尊重劳动，鼓励科技人员的科研成果快速转化为劳动生产力，面向市场、面向一线，以需求为引导，着力发展重点行业发展所急需的智能化技术和高端装备，支撑智能制造的未来发展。

第四，要加强国家不同区域、不同行业发展所需的高端电子装备制造的生产布局和统筹，结合行业特色、区域特色，加强协同管理，对设计、制造、检测、配套、服务等各个环节的发展采取因地制宜、突出特色的原则，结合产业基础、区域优势、劳动力特点等因素，统筹协调、合理规划，落实好国家在高端电子装备制造领域制定的相关规划、计划与政策，破解制约实现协同创新的难题。

展　望

高端电子装备制造伴随着电子信息技术的发展而不断发展。人类在使用工具改造自然、提升能力、增强社会生产力、提高劳动生产率的过程中，拉开了全球第三次工业革命的序幕。在今天和未来工业制造新纪元的进程中，高端电子装备制造的重要作用愈发突显，它是支撑智能制造的重要载体和工具。

人类的发展史就是学习制造工具、运用工具、发明机器、制造装备的历史。21 世纪未来 30 年、50 年乃至更长一段时间内，装备工具的发展将为科学发现、技术创新、重大工程提供强有力的保障，推动我国制造业从中低端朝着高端不断迈进，最终实现制造强国之梦。

一、当前发展趋势

科学技术始终是推动社会向前发展的强劲驱动力，从历史上两次科学革命、三次技术/工业革命中可以看出，科技的创新不仅会带动生产力的提升，还会改变生产关系，甚至改变人类的生产生活方式。

工业革命曾经颠覆式地改变了原有的生产模式，使生产效率大大提高。而以通信技术、微电子技术、计算机技术为基础发展至今的互联网革命，则更深层次地改变了 21 世纪初的人类的生产方式和生活方式。

工业互联网革命还将进一步革新工业时代延续了几百年的生产制造方式，这对人类社会的生产、生活乃至太空、地球、海洋、生命、网络空间等多领域、多方面将产生难以估量的影响。

纵观19世纪到20世纪的科技发展，从热力学、电磁场理论、生物进化论到相对论、量子论、控制论、信息论、系统论，科学在揭示空间、时间、物质、运动、生命的进程中不断取得新的发现、实现新的技术突破；新能源、新材料、航空航天、先进制造、纳米技术、生物技术不断更新交叠；通信、计算机、微电子、光电子、机电一体化、下一代网络、物联网不断发展突破；现有的技术、设备、工具在数字化、网络化的基础上，正向着智能化方向不断迈进，智能制造的未来充满着无限的潜力与可能，预示着高端电子装备制造必将拥有更加广阔的发展空间。

信息与电子技术是第三次工业革命的核心技术，高端电子装备是建立在信息与电子技术和产业发展基础上的关键智能装备，以美国为代表的世界制造强国，依靠信息与电子技术的核心引领与支撑，在20世纪后期兴起至今发展不衰并在信息化时代独占鳌头，占据了全球工业制造的前沿领域，为其发展奠定了坚实的制造基础。

总体来看，高端电子装备制造的未来发展呈现出以下三个趋势：交叉融合、智能、绿色。

(1) 交叉融合。高端电子装备制造与智能制造密切相关，前者是后者的重要发展基础和支撑。智能制造是制造业数字化、网络化、智能化的必然发展趋势，是信息技术与制造技术深度融合的集成，代表着未来制造业发展的新兴方向。交叉融合所涉及的设计与制造中的具体问题，如电气互联、基于3C的微系统以及面向电性能的大型装配件高精度制造、组装与装配、特种工艺等共性技术问题需要切实解决。

(2) 智能。智能制造成为当前制造业发展的热点，将软硬件融为一

体，并把专家的知识、经验融入到智能化的设计、制造、管理、服务中去，且知识创新将成为其最强劲的驱动力。人工智能、高级仿生技术、机器学习等将成为推动智能制造向着未来更高层次、更远方向发展的原动力，使人类的工具与高级装备制造迈上更高的台阶。

(3) 绿色。信息技术对传统工业制造技术的改造与提升的根本作用在于提高生产率、降低成本和能耗、减小对环境的负面影响。互联网时代的突出特征是信息共享、万物互联、绿色环保。高端电子装备制造结合信息技术产业和制造业的共同特点，在新能源、新材料、新工艺、新技术发展的支持下，朝着绿色化方向发展，且对传统工业体系的改造与提升也提出要坚持绿色化的发展原则。

二、装备制造的新进展

全球新一轮科技革命和产业革命的蓬勃兴起，使高新技术的发展迎来了新的历史机遇。从石墨烯、量子通信、可穿戴设备、虚拟现实技术、增强现实技术、神经芯片、3D 打印到智能制造、工业互联网、智能机器人、智能船舶、人工智能、超级高铁再到太空探索、火星探测等，装备工具的制造和高新技术的发展为人类的探索发现提供条件支撑，不断提高人类认识自然、改造自然的认知水平和探索能力。

我国高端装备制造在新一代信息技术产业、高端数控机床和机器人、航空航天装备、海洋工程装备及高技术船舶、先进轨道交通装备、节能与新能源汽车、电力、农机、新材料、生物医药等重点领域蓬勃发展，与国家工业化发展从中期向后期过渡的历史节点吻合，且适逢整体经济发展方式的转型升级关键时期，信息化与工业化深度融合、军民深度融合全面推进，诸多历史因素的交汇对装备制造特别是高端电子装备

制造的协同创新提出了更高的要求、寄予更大的希望，发展之路任重道远。

现阶段，我国在前沿重点领域的高端装备研制上主动发力，关于智能制造、机器人、大数据、软件、新材料等相关技术和产业的“十三五”规划先后出台。2016年智能制造试点示范项目启动，石墨烯国家标准制定出台，液态金属、黑磷的研究开发持续推进，无人驾驶汽车、智能网联汽车、无人船、北斗导航等应用领域不断拓展，新一代百亿亿次超级计算机启动研制，百毫秒级量子存储器研制成功、首颗科学实验卫星“量子号”发射成功，积极开始5G的标准相关研究与布局，下一代网络、临近空间探空系统、高通量宽带卫星通信系统、天地一体化网络系统、海洋信息技术等积极推进，创新驱动的车轮正逐渐加力、加速。

当前，在以通信、网络、计算机、雷达、天线、微电子等为代表的高端电子装备的制造中，全球发展水平极不均衡：美国始终处于全面领先地位，控制着高端电子装备制造的核心技术，主导着全球科技创新的走势；欧洲和日本正依靠较强的技术储备迎头赶上；而中国、巴西、印度等国，虽然起点较低、发展较晚，但后劲十足、增长空间很大，正逐渐登上高端电子装备制造业的世界舞台。

目前，我国在《中国制造2025》战略布局实施下，智能制造、机器人、大数据、软件、新材料等相关技术和产业的“十三五”规划先后出台，《“十三五”国家战略性新兴产业发展规划》、《“十三五”国家信息化规划》等重大战略也着手启动。

而在高端电子装备制造上，我国长期处于不断学习、模仿、跟踪、追赶的艰难发展阶段，缺少自主核心技术、关键制造装备、高端元器件、高端设计工具、先进加工工艺、先进检测方法等，自主设计与制造能力相对较弱；在主观和客观上，对高端电子装备制造的战略性、前瞻性的

认识与重视不足，制约着先进制造业特别是智能制造的未来发展。同时，中外高端电子装备制造的差距仍在拉大，核心芯片基本依赖进口、操作系统及知识型设计工具软件对外依赖度高、关键元器件自主制造能力弱、高端数字化制造装备依靠进口、制造工艺和关键技术亟待突破、制造质量亟待提升、检测设备及手段需要加强，“缺芯少智”(芯片依赖进口、自主设计软件缺乏、核心智能技术与装备制造薄弱)、“缺质少实”（制造质量不高、支撑制造的软硬件不强、实际支撑缺失，面临“空心化”问题）的状况依然存在。

对于高端电子装备的未来发展来说，智能制造是制造网络化的必然趋势。海量数据、实时反馈、精准加工以及人与机器的协作等均依赖于信息技术的最新发展。而且，随着人工智能时代的到来，融合了人工智能的制造业将通过工业化与信息化的深度融合，促使制造业实现从物物互联到万物互联、从解决自动化问题到解决智能化问题方向转变。未来世界的生产生活模式将在新技术、新产业的推动下发生意想不到的新变化。在信息系统的支持下，基于人工智能的智能生产也将逐步演变成全球制造业产业升级的主流趋势，高端电子装备制造将迎来更加艰巨的挑战和更加广阔的发展空间。

三、面向未来发展之想见

挣脱束缚、战胜自然、解放和发展生产力需要功能更加强大的工具装备，也需要智能、感知程度更加高级的高端电子装备。离开地球家园、开展宇宙探索，同样需要拓展和延伸人类的手足眼耳等感知功能，制造更加先进的高端电子装备。在高端电子装备制造、智能装备制造基础上构建的下一个人类新纪元，而这个新世纪将是进一步改写工具装备制造历史的重要转折点！

在智能化发展趋势上，关于机器与人类的未来最受人关注的话题是美国未来学家雷蒙德·库兹韦尔提到的“奇点理论”。按照他的预言，2045 年将是奇点时代的元年，届时机器的智慧将首次超过人类，机器将有可能取代人类事务。摆在人类面前的只有两条道路：一是与机器融合，二是被机器毁灭。

未来高端电子装备的功能将变得更加强大，这是不争的事实。科学与技术的进步会帮助人们设计制造出更复杂的高端电子装备，对人类社会未来的发展影响深远。顺风耳、千里眼以及能实时看到对方在做什么的魔镜等是中西方古代社会对于未来人类拥有本领的遥想。如今，借助通信网络、雷达天线、监控设备等技术，普通人都可以拥有如过去神话故事中一样的信息感知和获取的能力。正如技术发展是势不可挡的一样，高端电子装备的更新换代也是历史必然。

可以预见，在未来，高端电子装备的制造将集中体现出人类社会的共同才智。正如“李约瑟难题”所提出的关于东方科学文化的质问一样，从现代科技发端的分析、还原方法最终都要走综合、融合的道路。作为新一代信息技术与制造技术的交叉融合的聚焦点和重要载体，高端电子装备制造的未来发展之路还很长很远，它必将在国家制造强国战略中有着不可替代的重要支撑作用。

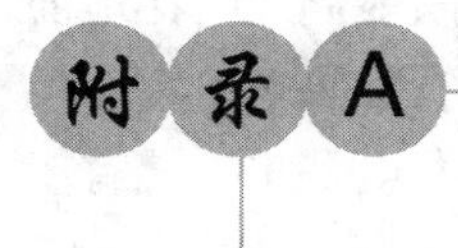

若干公开发表的文章

A.1

加快发展空间太阳能电站研究

■段宝岩(《中国科学报》 (2014-12-26 第7版 智库)

空间太阳能电站涉及机械、航天等数十个领域，是一个巨型系统工程，其实际规模将会超过美国已经实施的“阿波罗计划”，能带动大批从事基础和工程技术研究的高素质人才培养，并有望引发一场新技术革命。

面对日渐紧迫的能源危机，以及使用化石能源导致的温室效应、环境污染等问题，世界各国都在积极寻找方便、清洁的新能源。综合考虑安全因素及使用条件，太阳能将是解决能源问题的根本出路，而发展空间太阳能电站则是高效利用太阳能的有效途径之一。

建设空间太阳能电站的重要战略意义

空间太阳能电站是指将地球静止同步轨道上的太阳能，通过新的工程技术手段进行有效采集，并传输到地面转换成电能供使用的系统。理论上，地球静止同步轨道上1公里宽的电池带，每年产能约为21太瓦，预计到2050年，人类社会每年对能源的总需求约为50太瓦。

太阳能在地面上就可以利用，为什么要建设空间太阳能电站？

从产能效率来说，在地球静止轨道上，每平方米可接收太阳能约为1400瓦，且除春分和秋分以外，太阳辐射强度基本不受时间和空间限制；而在地面上，由于大气的吸收和散射，以及季节、昼夜等变化，到达地面的太阳辐射量每平方米约为140瓦。因此，一旦我们能够攻克空间太阳能发电技术，就有望逐步解决人类社会的能源危机，而且太阳能可以说是“取之不尽，用之不竭”的清洁可持续能源。

从技术发展看，空间太阳能电站作为一个大型空间和能源工程，可以为国家提供巨大的可再生能源战略储备，并可以发展成为一个重要的产业，对于保障国家的能源独立和国家安全，维持社会、经济的可持续发展意义重大。同时，由于空间太阳能电站系统规模巨大，深入研究空间太阳能电站相关技术，对航天、能源、材料、微波和激光等诸多相关领域的创新发展也具有重要的作用。

更为重要的是，未来我国能源需求仍将持续强劲增长，而太阳能虽然是可持续性能源，但地球同步轨道却是有限的，不管谁占了先机，后来者再发展会有很大困难。可见，开展空间太阳能电站研究，是事关国家政治、经济和安全的重大战略问题。

发达国家空间太阳能电站研究进展

传统意义上空间太阳能电站的构想，是由美国科学家彼得·格拉赛于1968年首次提出，国际上对此研究已超过40年，其间由于关键技术难以突破、需要投入巨额资金等问题，研发工作曾一度停滞。近年，由于地球化石能源危机凸显，以美、日和欧洲为主的发达国家又重新投入资金和人力，开展空间太阳能电站关键技术研究。

2007年4月，美国国家安全空间办公室成立了空间太阳能发电站研究组。2012年，在美国国家航空航天局创新型先进概念的支持下，研究人员提出了“任意大型相控阵空间太阳能电站”项目，这是目前最新的建设方案。

根据规划，美国空间太阳能电站的重点研究方向，包括整体构型、聚光镜、空间发电技术、无线能量传输技术、电力传输与管理技术、热管理与热材料技

术、先进运输技术等，未来将通过分阶段开展不同功率级别的系统验证，最终实现功率吉瓦(GW)级以上的商业化运行系统。

日本作为积极开展空间太阳能电站研究的主要国家之一，在无线能量传输技术的研究和试验方面处于国际先进水平。2004 年，日本正式将发展空间太阳能电站列入国家航天中长期规划，形成了“官产学”联合的研究模式。

根据 2013 年日本最新公布的航天基本计划，空间太阳能电站研究开发项目已被列入国家七大重点发展领域，并作为三个国家长期支持的重点研究领域之一。

当前亟待解决的五个关键技术

相当于超大型地球同步轨道卫星天线的空间太阳能电站，主要由三部分组成，即太阳光聚光装置、能量转换和发射装置，以及地面接收和转换装置。其中，太阳聚光镜与光伏电池阵装置将太阳能转化成为电能，能量转换装置将电能转换成微波等形式，并利用天线向地面发送能束，地面接收系统利用地面天线接收空间发射来的能束，通过整流装置将其转换成电能以供使用。

作为大型工程，空间太阳能电站的发展必须尽早确定发展规划与研究计划，开展长期、持续的基础性和前瞻性研究，解决其中共性与关键技术难题。目前，空间太阳能电站的关键技术难题主要有五个方面：即超大型空间天线系统轻量化设计、天线波束指向与控制、空间机器人组装、机电耦合设计和低成本空间运输。

超大型空间天线与聚光镜系统设计方面，由于尺度在公里级，成本必须考虑，既要求高性能又要求轻重量、低成本。因此，亟待建立兼顾多学科、多尺度的设计模型，提出轻量化设计理论与方法。对空间聚光镜、太阳能电池阵及发射天线进行深入研究，降低系统重量，解决空间太阳能电站的太阳能收集系统功率质量比，以及发射天线结构重量、辐射面积和散热等技术难题。

天线阵波束赋形与指向控制方面，需要研究发射天线阵远场或过渡场方向图精确指向地面接收天线的孔径中心、方向图地面足印及接收天线孔径的匹配问题。因此，由于同步轨道到地面的指向精度要求很难达到，需要研究合理的实现策略。

空间组装方面，包括机器人(手)技术，亟待实现空间机器人的小型化、智能化，使其适应太空微重力、大温差、强辐射等极限工作环境；虚拟现实技术，开展虚拟现实环境下的装配建模、操作定位及交互式装配规划与评价。此外，还应进行地面缩比模型试验，对空间太阳能电站的结构性能、装配性能及电性能等进行实验研究。

空间太阳能电站大功率连续传输的机电耦合问题也不容忽视。空间太阳能电站作为大型在轨运行系统，不可避免地存在多场、多因素、多尺度的耦合问题，其环境载荷、结构参数对位移场、电磁场和温度场有着巨大的影响，相互之间的机电耦合问题十分突出。为此，亟待开展多物理量在极端恶劣的空间环境下的相互作用机理、相互影响规律的研究，进而建立场耦合理论模型、挖掘影响机理。

由于空间太阳能电站的体积比国际空间站大许多倍，需要多次发射到近地轨道并进行组装，再送往地球同步轨道，而目前人类最大的运载火箭近地轨道运载能力只有100吨，发射成本高。因此，需要研制低成本、大运载量的近地轨道运载器，以及高性能轨道间电推进系统。

中国空间太阳能电站研究

应分阶段稳步推进

空间太阳能电站涉及机械、航天等数十个领域，是一个巨型系统工程，其实际规模将会超过美国已经实施的“阿波罗计划”，能够带动大批从事基础和工程技术研究的高素质人才培养，并有望引发一场新技术革命。

中国从上世纪80年代以来，就一直跟踪国际空间太阳能电站发展。近年，以中国空间技术研究院为核心，中国工程物理研究院、西安电子科技大学、重庆大学、四川大学等参与的国内研究团队，分别结合各自的优势，在系统论证和关键技术方面开展了相关工作。

2010年，多位中国科学院和中国工程院院士参加完成了《空间太阳能电站技术发展预测和对策研究》咨询评议报告，建议尽快开展相关论证和设计工作，得到了一批研究机构和学者的重视。根据目前我们的技术水平和研究进展，综合分析我国的国情和各方面情况，建议在立足于现有的技术条件下，踏实且分阶段地推进中国空间太阳能电站研究工作。

空间太阳能电站的具体设计和发展，可分为近期、中期及远期来推进实施，即两大步三小步：第一大步，2030年建造兆瓦(MW)级空间太阳能电站；第二大步，2050年建造吉瓦(GW)级空间商用太阳能电站。第一大步之内，又分为三个阶段进行：即2020年完成关键技术的地面攻关与模型演示验证，2025年完成兆瓦(MW)级电池阵空间构建的验证，2030年完成百米量级空间组装天线与相应聚光镜的验证。当然，如果能加快进程，将是大家更为希望的。

(段宝岩，中国工程院院士，电子机械工程专家)

A.2

“中国智造”需要核心支撑力量

■**段宝岩 李耀平**（《中国科学报》(2016-01-27 第1版 要闻)

我国信息产业自20世纪80年代正式起步发展，至今已30余年，取得了突飞猛进的进展。但是，我国在信息技术自主创新和信息产业高端制造上的短板依然存在，成为制约跨越发展的瓶颈，如高端芯片、关键电子元器件、国产操作系统、信息网络安全等。

中国制造要最终走向中国创造，从制造大国转向制造强国，通过信息技术与信息产业的“数字化、智能化、网络化”的带动与提升，通过“中国智造”手段的强化与推进，是实现传统工业制造业转型升级、高端装备制造业创新引领的关键环节。加强信息技术和信息产业特别是高端电子装备制造的创新与发展，对于支撑“中国智造”意义重大。

首先，我们要抢占信息技术原创的制高点。技术的突破往往带来生产的变革，加强信息技术的原始创新，对于引领信息产业发展、振兴高端装备制造业作用非凡。在“后摩尔时代”，纳米芯片、自旋电子技术、以3S(SOC、SIP、SOP)为代表的微系统技术等前沿技术的研发突破，将带来电子装备制造领域的新变革；量子通信、太赫兹、下一代互联网等技术的演进，将改写信息传输、处理、共享的模式；读脑机、智能制造、生物制造等技术的发展，将为制造业的发展探索新路径。

第二，我们要抢占信息产业标准的制高点。市场竞争中，标准处于产业发展的高端，制约产业链的整体发展，制定技术与行业标准十分关键。我国信息产业近年来在TD-LTE、WAPI、IPv6等国际标准制定工作的参与中，获得

了新进展，打破了美欧的垄断。下一步要在信息技术和信息产业这一标准高度国际化的领域，继续占有处于高端地位的标准制定话语权，抢占标准制定的制高点，为产业的自主发展奠定基础。

第三，我们要增强“中国智造”的核心支撑力量。高端电子装备制造是信息产业发展中的重要组成部分。推进高端装备制造业的快速发展，需要加快电子装备、智能装备、智能产品在制造领域的应用与推广，提高制造业的信息技术含量和附加值，推动工业品向价值链高端跨越。着力发展智能成套设备、工业机器人、增材制造设备，加强设计软件、数字仿真、自动控制等技术研发，形成支撑“中国智造”的核心力量。

第四，我们须继续拓宽信息化应用的领域和渠道。以高端电子装备制造为切入点，通过信息技术突破、信息产业发展，促进高端装备制造领域的信息化制造水平的显著提升。同时，加强行业协同、技术推广与成果共享，使信息化应用的领域不断延伸、拓宽，为国家制造业的发展注入动力和活力。

(段宝岩，中国工程院院士，西安电子科技大学教授；李耀平，西安电子科技大学高级工程师)

A.3

《中国制造 2025》急需自主工业软件

■ **段宝岩 李耀平**（《中国科学报》(2016-11-24 第 1 版 要闻)

我国制造业当前存在着“硬件不硬”“软件不强”的“空心化”危机，如每年 8 万亿元固定资产投资中约 70%用于购置设备，其中 60%的设备购置依赖进口。2015 年全球工业软件市场规模为 3348 亿美元，我国仅 1193 亿元人民币，差距巨大。

随着工业化乃至后工业化时代的发展，软件特别是知识型工业软件作用愈加突出。研发设计是工业产品制造的前提和基础，研发设计软件则是实现高端制造的必备工具。

但据不完全统计，目前我国高端制造业中电子、航空、机械领域的研发设计软件大多为外购，对外依赖率分别高达 90%、85%及 70%，而占据市场主流的高端研发设计软件如 CATIA、UG、PRO/E 等均为发达国家产品。

据赛迪顾问研究院发布的《2016 中国工业软件企业排行榜》，除华为、中兴在国内嵌入式软件市场规模上与西门子、ABB、Honeywell 尚可竞高下之外，研发设计软件上仍是国外企业占据主导。

自主研发设计工具软件的缺失是制约《中国制造 2025》智能化发展的明显短板。无论是研发设计软件、生产控制软件还是信息管理软件，在自主研发方面都存在类似的瓶颈问题和制约因素。

首先，国外企业占据高端主导地位，打压和制约着国内企业发展。其次，国家扶持力度不够、企业缺乏动力、市场不够成熟，影响着工业软件自主发展。另外，国内外在知识产权保护、软件行业标准、知识经验传承等制度和软环境

方面的差异导致自主发展的瓶颈问题难以突破。从技术研发看，一些国外禁运的原型软件完全可实现技术突破、自主研发，而问题关键在于原型软件仅作为项目完成，缺乏持续的工程化应用、商业化推广。从产业发展看，工业制造业的强大与发展，离不开自主工具和装备的强力支撑。而自主工业软件的研发与推广则是工具支撑中最具发展潜力和活力的关键环节。

智能化时代的到来，进一步凸显了工业软件的战略意义。美国 GE 公司面向 2020 年的目标是在传统涡轮机、飞机引擎、火车头、医疗影像设备制造的基础上成为全球十大软件公司之一，在硬件与软件的结合中寻找新的增长机遇。而 IBM 则以连续 7 年 400 多亿美元的投入，打造融合硬件、软件、安全、大数据分析、人工智能于一体的认知解决方案和云平台，构建企业平台级的生态大体系。

要将《中国制造 2025》推进制造强国战略落到实处，必须从根本上解决自主硬件、软件的发展问题，着力推进制造业的数字化、网络化、智能化，以振兴实体经济为抓手，实实在在推进制造技术与产业本身的跨越、可持续发展，全面推进制造强国战略的实施。

(段宝岩系中国工程院院士、西安电子科技大学教授，李耀平系西安电子科技大学高级工程师)

A.4

中国智能制造亟须突破关键共性技术

■段宝岩 李耀平（《中国科学报》（2017-02-07 第1版 要闻）

我国智能制造技术在信息技术、制造技术深度融合的发展进程中，应紧抓住高端电子装备制造的“智能核心”，在关键共性制造技术自主创新上实现突破。

智能制造是全球制造业发展的新趋势，也是《中国制造2025》的主攻方向，代表着新一代信息技术与传统制造技术深度融合、集成创新的广泛应用，是制造业的数字化、网络化、智能化迭代交叉、转型提升的重要交汇点，孕育着新一轮的技术和产业革命。

我国制造业现阶段的状况是“大而不强、缺芯少智”。虽然在高铁、水电、路桥、航空航天、超算等方面进展显著，取得了举世瞩目的成就，但工业基础相对薄弱，高端装备、关键元器件及零部件依赖进口，制造质量和实力与德国相比差距大。信息技术与产业发展与美国相比差距大，特别是在集成电路、高端软件、智能传感等方面的具体制造上欠缺自主核心技术，大量高端芯片、设计软件、关键元器件与零部件等均需进口，始终受制于人，在高端电子装备制造上，完全自主研发制造的核心能力较弱，缺乏引领和支撑我国智能制造未来发展的关键共性技术。

我国智能制造技术在信息技术、制造技术深度融合的发展进程中，应紧抓住高端电子装备制造的“智能核心”，在关键共性制造技术自主创新上实现突破，不断强化工业制造业2.0的补齐、3.0的普及、4.0的推进。

第一，加强战略布局、抢占发展先机。智能制造的内涵包括产品、装备、模式、系统等，其主要的推动力来自于智能科学与先进制造技术的发展，如人

工智能、机器学习、智能感知、人机交互以及高端电子装备制造、极端制造、离散制造、柔性制造、生物制造等，覆盖了设计、模拟、仿真、分析、生产、控制、检测等诸多环节。我国现阶段芯片制造、操作系统、工业软件等软硬件制造能力仍然薄弱，除了在“核高基”、自主操作系统、工业软件、大数据等自主研制开发上着力加强外，也要在认知科学、神经计算、人工智能、仿生制造等智能科学基础研究上不断深化，推动制造技术、信息技术在智能制造中的深度融合发展。

第二，突破共性技术、夯实发展基础。以高端电子装备为代表的制造技术，是支撑智能制造发展的重要前提，如通信导航、芯片制造、雷达制造、天线制造、柔性电子制造、自动控制等，在制造方面存在一些关键共性技术需要突破，如机电热磁的一体化综合设计、电气互联、微电子流片、微组装、高密度封装、精密和超精密加工、共形天线、表面工程技术等，直接制约着制造质量和水平的提升，影响智能制造的自主发展。为此，应从制造的具体实际出发，出台解决共性技术的国家重大攻关计划，构建共享的技术与产业发展平台，解决发展智能制造的关键共性技术的核心问题。

第三，发展电子装备、突出智能引领。信息技术是实现传统制造业转型升级、迈向工业3.0、4.0的关键，具有很强的渗透性和辐射性，信息化与工业化的深度融合，集中体现在以高端电子装备制造为载体的信息技术与产业对重点工业行业数字化、网络化、智能化制造的改造提升上。

《中国制造2025》提出十大重点发展领域，新一代信息技术产业居于首位，也是机械、电力、轨道交通、航空航天、生物医药等主干制造业智能化发展的强力驱动器，着力发展自主的高端电子装备制造，对于加快我国智能制造的历史进程具有重要的战略意义。

(段宝岩系中国工程院院士、西安电子科技大学教授，李耀平系西安电子科技大学高级工程师)

英文缩略及名词解释

AMPS：Advanced Mobile Phone System，高级移动电话系统。

ATM：Asynchronous Transfer Mode，异步传输模式。

BGA：Ball Grid Array，球栅阵列封装。

CAD：Computer Aided Design，计算机辅助设计。

CAE：Computer Aided Engineering，计算机辅助分析。

CAM：Computer Aided Manufacturing，计算机辅助制造。

CAPP：Computer Aided Process Planning，计算机辅助工艺过程设计。

CIMS：Computer Integrated Manufacturing System，计算机集成制造系统。

CMOS：Complementary Metal Oxide Semiconductor，互补金属氧化物半导体。

CNNIC：China Internet Network Information Center，中国互联网信息中心。

CPS：Cyber-Physical System，信息物理系统。

CPU：Center Processing Unit，中央处理单元。

CRM：Customer Relationship Management，客户关系管理。

CSP：Chip Scale Package，芯片尺寸封装。

DARPA：Defence Advanced Research Projects Agency，美国国防部高级研究计划署。

DIP：Dual Inline-pin Package，双列直插式封装。

DSP：Digital Signal Processing，数字信号处理。

D2D：Device-to-Device，设备到设备。

EAM：Enterprise Asset Management，企业资产管理。

EDA：Electronic design automation,电子设计自动化。

ERP：Enterprise Resource Planning，企业资源计划。

FAST：Five-hundred-meter Aperture Spherical radio Telescope，500米口径球面射电望远镜。

FinFET：Fin Field-Effect Transistor，鳍式场效应晶体管。

FMCW：Frequency Modulated Continuous Wave，调频连续波。

FPGA：Field-Programmable Gate Array，现场可编程门阵列。

GPS：Global Positioning System，全球定位系统。

GPU：Graphics Processing Unit，图形处理器。

HRM：Human Resource Management，人力资源管理。

IaaS：Infrastructure as a Service，基础设施即服务。

IC：Integrated Circuit，集成电路。

ICT： Information Communications Technology，信息与通信技术。

IMTS：Improved Mobile Telephone Service，改进型移动电话系统。

IoT：Internet of Thing，物联网。

IP：Internet Protocol ，互联网协议。

IPv4、IPv6：Internet Protocol Version4、Internet Protocol Version 6，互联网协议版本4、互联网协议版本6。

LAN：Local Area Network，局域网。

LTCC：Low Temperature Co-fired Ceramic，低温共烧陶瓷。

LTE-TDD：亦称TD-LTE，Time Division Long Term Evolution，分时长期演进。

MAN：Metropolitan Area Network，城域网。

MCM：Multichip Module，多芯片模块。

MEMS：Micro-Electro-Mechanical System，微机电系统。

MES：Manufacturing Execution System，制造执行系统。

MIMO：Multiple-Input Multiple-Output，多发多收天线技术。

MIT：Massachusetts Institute of Technology，麻省理工学院。

MPI：Max Planck Institute，马普量子光学研究所。

NASA：National Aeronautics and Space Administration，美国国家航空航天局。

NCFC：The National Computing and Networking Facility of China，中国国家计算机与网络设施工程。

NFV：Network Function Virtualization，网络功能虚拟化。

PaaS：Infrastructure as a Service，平台即服务。

PCB：Printed Circuit Board，印制电路板\印刷线路板。

PD：Pulse Doppler，脉冲多普勒。

PDM：Product Data Management，产品数据管理。

PECVD：Plasma Enhanced Chemical Vapor Deposition，等离子体增强化学气相沉积法。

PLM：Product Life-Cycle Management，产品全生命周期管理。

QFP：Plastic Quad Flat Package，四边引线扁平封装。

QTT：QiTai Radio Telescope，新疆奇台 110 米口径全可动射电望远镜。

Radar：Radio Detection and Ranging，无线电探测和测距。

SaaS：Software-as-a-Service，软件即服务。

SAR：Synthetic Aperture Radar，合成孔径雷达。

SCM：Supply chain management，供应链管理。

SDN：Software Defined Network，软件定义网络。

SiP：System In a Package，一个半导体中的系统级封装。

SMC：Surface Mounted Components，表面组装元件。

SMD：Surface Mounted Devices，表面贴装器件。

SMT：Surface Mount Technology，表面组装技术。

SoC：System on Chip，片上系统。

SoI：Silicon on Insulator，绝缘衬底上的硅。

SoP：System on Package，封装级系统。

TD-SCDMA：Time Division-Synchronous Code Division Multiple Access，时分同步码分多址。

VLAN：Virtual Local Area Network，虚拟局域网。

VSAT：Very Small Aperture Terminal，甚小口径卫星终端站。

WAN：Wide Area Network，广域网。

参考文献

[1] 国家统计局. 2011 国民经济行业分类注释 (GB/4754—2011). 北京：中国统计出版社, 2012.

[2] 王燕梅. 装备制造产业现状与发展前景[M]. 广州：广东经济出版社，2015.

[3] 洪京一. 工业和信息化蓝皮书·世界制造业发展报告(2014—2015)：战略性新兴产业[M]. 北京：社会科学文献出版社，2015.

[4] 通用电器公司，编译. 工业互联网：打破智慧与机器的边界[M]. 北京：机械工业出版社，2015.

[5] 让老外震惊的 9 项中国制造！Made in china! [EB/OL]. 经济日报微信公众号，2016.

[6] 周济. 智能制造——“中国制造 2025”的主攻方向[J]. 中国机械工程, 2015, 26(17): 2273-2284.

[7] 洪京一. 世界信息技术产业发展报告：融合、互联、智造[M]. 北京：社会科学文献出版社，2015.

[8] 罗文. 2014—2015 年世界电子信息产业发展蓝皮书[M]. 北京：人民出版社，2015.

[9] 罗文. 2014—2015 年中国集成电路产业发展蓝皮书[M]. 北京：人民出版社，2015.

[10] 王鹏. 2014—2015 年中国北斗导航产业发展蓝皮书[M]. 北京：人民出版社，2015.

[11] 高芳，赵志耘，张旭，等. 全球 5G 发展现状概览[J]. 全球科技经济瞭望，2014（7）：59-67.

[12] 徐恪，徐明伟，陈文龙，等. 高级计算机网络[M]. 北京：清华大学出版社，2011.

[13] Andrew S.Tanenbaum.计算机网络[M]. 潘爱民，译. 北京：清华大学出版社，2004.

[14] 中国互联网信息中心. 中国互联网发展大事记. http://www.cnnic.cn/hlwfzyj/hlwdsj/201206/t20120612_27425.htm

[15] 第 37 次中国互联网发展状况统计报告. http://www.cnnic.cn/hlwfzyj/hlwxzbg/

[16] 2015年中国计算机行业发展现状及投资前景分析. http://www.chyxx.com/industry/201509/347366.html

[17] 袁国兴,姚继锋. 2015 年中国高性能计算机发展现状分析[J]. 计算机工程与科学，2015，37(12)：2195-2199.

[18] 蒋毅为. 浅谈计算机应用的现状与发展趋势[J]. 教师，2014(32)：114-115.

[19] 王小谟，张光义. 雷达与探测[M]. 2 版. 北京：国防工业出版社，2008.

[20] 刘波，沈奇，李文清. 空基预警探测系统[M]. 北京：国防工业出版社，2012.

[21] 张明友. 雷达-电子战-通信一体化概论[M]. 北京：国防工业出版社，2010.

[22] Marco Lanzagorta，量子雷达[M]. 周万幸，译. 北京：电子工业出版社，2013.

[23] 郭衍莹. 相控阵雷达测试维修技术[M]. 北京：国防工业出版社，2010.

[24] 王小谟. 监视雷达技术. [M]. 北京：电子工业出版社，2008.

[25] 张强. 天线罩理论与设计方法. [M]. 北京：国防工业出版社，2014.

[26] 黄庆红. 国际半导体技术发展路线图(ITRS)2013 版综述(1)[J].中国集成电路，2014(09)：25-45.

[27] 阮钢. 微电子技术的重要性[J]. 华东科技管理，1994(12)：33-34.

[28] 许正中，李欢. 我国微电子技术及产业发展战略研究[J]. 中国科学基金，2010(03)：155-160.

[29] 黄如，黎明，安霞，等. 后摩尔时代集成电路的新器件技术[J]. 中国科学：信息科学，2012(12)：1529-1543.

[30] 陈裕权. 第三代半导体材料的发展及应用[J]. 世界产品与技术，2000(05)：50-52.

[31] 李晓延. 第三代半导体材料双雄并立难分高下[J]. 今日电子，2013(01)：24.

[32] 张冬至，胡国清.微机电系统关键技术及其研究进展[J]. 压电与声光，2010，32(3)：513-520.

[33] 黄勇，王胜军.浅析微机电系统(MEMS)的发展瓶颈及趋势[J].中国科技博览，2010(34)：196-196.

[34] 郭兵，沈艳，林永宏，韩磊. SoC 技术原理与应用[M]. 北京：清华大学出版社，2006.

[35] 王豪. SiP 技术在宇航产品中的应用[J]. 航天标准化，2013(01)：30-33.

[36] 张欣欣，王鲁豫. SOP 技术的优势以及在射频领域的应用[J]. 实验科学与技术，2007(01)：140-144.

[37] 我国集成电路产业概况[J]. 电子科技，2001(09)：46.

[38] 总参第六十一研究所. 突破核心前沿技术筑牢国家安全基石:DARPA.

[39] 吴澄. 信息化与工业化融合战略研究，中国工程院咨询报告.

[40] 制造强国战略研究项目组. 制造强国战略研究[M]. 北京：电子工业出版社，2015.

[41] 中国工程科技中长期发展战略研究项目组，中国工程科技中长期发展战略研究. 北京：中国科学技术出版社，2015.

[42] 段宝岩. 电子装备机电耦合理论、方法及应用[M]. 北京：科学出版社，2011.

[43] 平丽浩, 黄普庆, 张润逵. 雷达结构与工艺[M]. 电子工业出版社, 2007.

[44] 赵惇殳. 电子设备热设计[M]. 北京：电子工业出版社, 2009.

[45] 蒋昕昊, 张冠男. 我国工业软件产业现状、发展趋势与基础分析[J]. 世界电信, 2016(2): 13-18.

[46] 徐保文. “互联网+制造”趋势下自主工业软件发展重点[N]. 中国航空报, 2016(04): 21.

[47] 黄亚生, 张世伟, 余典范, 王丹. 《贝多法案》与美国科研成果转化制度[J]. 中国经济周刊, 2015(12).

[48] 崔凯, 王从香, 胡永芳. 射频微系统 2.5D/3D 封装技术发展与应用[J]. 电子机械工程, 2016,32(6): 1-6.

[49] 殷东平. 雷达先进制造技术现状与发展[J]. 电子机械工程, 2016,32(4): 1-6.

[50] 胡杨，蔡坚，曹立强，等. 系统级封装(SiP)技术研究现状与发展趋势[J]. 电子工业专用设备, 2012,41(11): 1-6.

[51] 周德俭，吴兆华. 表面组装工艺技术[M]. 北京：国防工业出版社, 2016.

[52] 周德俭. 电子制造中的电气互联技术[M]. 北京：电子工业出版社，2010.

[53] 蔡剑. 协同创新论[M]. 北京：北京大学出版社，2012.

[54] [美]杰夫・斯蒂贝尔，著. 断点：互联网进化启示录[M]. 师蓉译. 北京：中国人民大学出版社，2014.

[55] 周光召. 发展学科交叉 促进原始创新：纪念 DNA 双螺旋结构发现 50 周年[J]. 科学，2003(03).

[56] 张武军，翟艳红. 协同创新中的知识产权保护问题研究[J]. 科技进步与对策，2012，29(22)：132-133.

致　谢

本书在搜集素材、整理策划、撰写编辑过程中，得到了西安电子科技大学的刘宏伟、张武军、刘毅、黄进、刁玖胜、余航、杨鹏飞、刘欣、李泽华等老师以及部分研究生的大力支持和帮助，在此一并表示感谢！

因为时间仓促及著者能力所限，书中仍存在部分不足之处，敬请广大读者批评指正。

图书在版编目(CIP)数据

高端电子装备制造的前瞻与探索/李耀平，秦明，段宝岩编著.
—西安：西安电子科技大学出版社，2017.7(2017.12 重印)

ISBN 978-7-5606-4539-1

Ⅰ. ①高… Ⅱ. ①李… ②秦… ③段… ①电子装备--制造—研究 Ⅳ. ①TN97

中国版本图书馆 CIP 数据核字(2017)第 143608 号

策　　划　高维岳　邵汉平
责任编辑　张　倩　阎　彬
出版发行　西安电子科技大学出版社(西安市太白南路 2 号)
电　　话　(029)88242885　88201467　　邮　　编　710071
网　　址　www.xduph.com　　电子邮箱　xdupfxb001@163.com
经　　销　新华书店
印刷单位　陕西华沐印刷科技有限责任公司
版　　次　2017 年 7 月第 1 版　2017 年 12 月第 2 次印刷
开　　本　787 毫米×960 毫米　1/16　印 张 13
字　　数　153 千字
印　　数　1001～2000 册
定　　价　45.00 元
ISBN 978 - 7 - 5606 - 4539 - 1/TN
XDUP　4831001-2
如有印装问题可调换
本社图书封面为激光防伪覆膜，谨防盗版。